绿色的呼唤
——从森林看环境与气候

何桂蓉 主编

成都地图出版社
CHENGDU DITU CHUBANSHE

图书在版编目（CIP）数据

绿色的呼唤：从森林看环境与气候 / 何桂蓉主编.
成都：成都地图出版社有限公司, 2025. 3. -- ISBN 978-7-5557-2684-5

Ⅰ. S718.5；P467

中国国家版本馆 CIP 数据核字第 20253K97Z4 号

绿色的呼唤——从森林看环境与气候
LÜSE DE HUHUAN——CONG SENLIN KAN HUANJING YU QIHOU

主　　编：	何桂蓉
责任编辑：	高　利
封面设计：	王建鑫磊

出版发行：	成都地图出版社有限公司
地　　址：	四川省成都市龙泉驿区建设路 2 号
邮政编码：	610100

印　　刷：	三河市人民印务有限公司

（如发现印装质量问题，影响阅读，请与印刷厂商联系调换）

开　　本：	710mm × 1000mm　1/16		
印　　张：	10	字　　数：	140 千字
版　　次：	2025 年 3 月第 1 版		
印　　次：	2025 年 3 月第 1 次印刷		
书　　号：	ISBN 978-7-5557-2684-5		
定　　价：	49.80 元		

版权所有，翻印必究

前言
FOREWORD

　　森林是以木本植物为主体，包括乔木、灌木、草本植物和动物、微生物等其他生物在内，具有一定的面积和密度，并显著影响周围环境的生物群落复合体。换言之，森林是一个占据一定地域的生物与环境相互作用下，形成具有能量转换、物质循环和信息传递功能的生态系统。

　　森林具有吸收二氧化碳，制造氧气，维持大气圈的碳氧平衡，调节小气候，增加降水，改善地表环境，改变低空气流，防风固沙，减少沙尘暴，保持水土，涵养水源，吸收毒物和有害气体，净化空气，消噪降尘等功能。

　　现在全球环境恶化问题正日益凸显。温室效应、赤潮现象、土地沙漠化、大气污染等一系列环境问题触目惊心，昔日美丽洁净的地球被人类破坏得遍体鳞伤，天不再蓝，水不再清，空气不再甜，森林也在日益减少。

　　森林作为陆地上最大的生态系统，无论在生态功能上还是在资源利用方面，都将对地球的未来起着至关重要的作用。它对地球的净化作用是其他生物体无法替代的。根据测定，一公顷森林一般每天能吸收约67千克二氧化碳，产生约49千克氧气，能满足65个人一天的需求。森林还可以减轻酸雨的危

害，1公顷柳杉每天可吸收二氧化硫约60千克。女贞、丁香、垂柳、刺槐、梧桐对减轻氟化氢危害均能起到很好的作用。

另外，据研究和测算表明：20厘米厚的表土层，要被雨水冲刷干净，林地需约57.7万年，草地需约8.2万年，耕地需约46年，裸地仅需约18年。由此可见，森林对保持水土有多么大的作用。

鉴于森林在保护生态环境、净化环境中发挥的无可替代的特殊作用，国际上一直高度评价森林对人类生存发展的决定性作用。美国前总统罗斯福就曾在美国植树节上说过"没有孩子的家庭将没有希望，没有树木的国家同样没有希望"。

出于爱护家园、爱护森林的初衷，我们精心编写了此书。从大处着眼，从小处着手，是本书的特色，希望读者能从中有所感悟。

目录

第一章　森林与生态环境

对立统一的生态环境 …………………………………… 001

森林与生态因子的关系 ………………………………… 003

陆地上最大的生态系统 ………………………………… 018

森林的生态功能 ………………………………………… 021

第二章　森林生态系统

森林生态系统的含义 …………………………………… 032

森林生态系统的格局与过程 …………………………… 033

森林生态系统的物质循环 ……………………………… 041

第三章　森林的生长和发育

森林的生长和发育 ……………………………………… 045

森林的更新 ……………………………………………… 048

第四章　森林与气候变化

森林对气候的调节作用 ………………………………… 052

森林中的空气 …………………………………………… 053

森林与风 ………………………………………………… 058

森林与水 ………………………………………………… 064

森林对气温的影响 ……………………………………… 082

第五章 森林群落类型及地理分布

地史变迁与森林植物群落演化 …………………… 090

森林的地理分布规律 ……………………………… 092

世界的森林分布 …………………………………… 096

我国的森林分布 …………………………………… 115

第六章 世界著名森林

维也纳森林 ………………………………………… 127

黑森林 ……………………………………………… 128

科米原始森林 ……………………………………… 129

西双版纳原始雨林 ………………………………… 130

亚马孙热带雨林 …………………………………… 133

镜泊湖地下森林 …………………………………… 134

第七章 我国的美木良材

红　松 ……………………………………………… 135

杉　木 ……………………………………………… 136

樟树　楠木 ………………………………………… 136

水　杉 ……………………………………………… 137

银　杏 ……………………………………………… 137

珙　桐 ……………………………………………… 138

CONTENTS 目录

柏　树 …………………………………… 138

泡　桐 …………………………………… 139

檀　香 …………………………………… 139

桉　树 …………………………………… 140

柚　木　轻　木 ………………………… 141

楸　梓 …………………………………… 142

椰子树 …………………………………… 143

龙　眼 …………………………………… 144

漆　树 …………………………………… 144

银　杉 …………………………………… 145

白皮松 …………………………………… 146

华山松 …………………………………… 147

白桦树 …………………………………… 148

胡　杨 …………………………………… 148

青　檀 …………………………………… 149

望天树 …………………………………… 150

砚　木 …………………………………… 150

木　棉 …………………………………… 151

香　榧 …………………………………… 151

柽　柳 …………………………………… 152

第一章　森林与生态环境

对立统一的生态环境

植物在整个生长过程中，需要不断地从环境中取得必需的物质，用以维持其正常的生命活动和种族的繁衍。环境能对植物的生长过程和发育状态产生影响，植物对环境的变化也会产生各种不同的反应和多种多样的适应性。植物与环境之间这种对立统一的辩证关系，称之为生态关系。

环境通常泛指生物生存四周空间所存在的一切事物，例如气候、土壤、动物、植物等，其中对于植物有直接或间接影响的要素，叫做生态因子。在某种意义上，生态因子又是对应于植物的种类而言的，换句话说，在同一个环境中，如果植物的种类不同，对它发生作用的生态因子也不尽相同。

自然界没有固定不变的因子，也没有永远静止的环境，由于地区和时间的不同，每个生态因子在数量上、质量上和持续的时间上等方

奇妙的生态环境

面都有变化。这些变化对植物的生长发育、生理功能和形态结构，都会发生相应的影响，所以环境对植物的生态作用，是在变化中发生的。

自然界没有孤立存在的因子，也没有单一因子的环境，更找不到只需单一因子的生物，所以生态因子不是孤立地、单独地对植物发生作用的，而是综合地构成对植物作用的"生态环境"。尽管各个因子对植物的作用并不相同，大小强弱各不相等，在一定的时间、地点和植物生长发育的一定阶段，在综合的生态因子中，总是有某个因子起着主导的作用，不过主导因子也好，其他因子也好，任何因子对植物的生态作用，都只能在综合的条件下才能表现出来。生态环境中一个或几个因子的变化，无论何等轻微，在不同程度上都足以引起综合的生态环境的改变。例如日照的增加不可避免要引起温度的升高和湿度的减少，施加于植物的生态综合作用也因之而异。

各个生态因子之间既然是相互联系、相互影响的，那么在生态因子的综合运动中，因子之间的调节和补偿作用，就具有重大的生态意义。例如充足的土壤水分和空气湿度，在一定程度上可以减轻高温对植物的影响。但是，因子间的调节、补偿作用毕竟有一定限度，例如在持续的超极限温度的条件下，充足的土壤水分也不能避免植物的死亡，因为高温会使植物根系的吸水能力减弱和无法获得充足的氧气，导致植物闷根、烂根、营养不良等。

生态因子的变化会影响植物，反过来，植物对环境也有不可忽视的影响。例如滥砍、滥伐森林，将会导致降雨量减少、气候恶化、水土流失甚至沙漠化，以至发生鸟兽迁徙或绝迹的现象；在风沙危害、水土流失的地区，大面积造林却可以防风固沙、保持水土、调节气候。由此可见，植物不但受环境因子的综合影响，也对环境产生一定的作用。生态环境和植物生态，总是密切地相互联系的。各种对立因素通过相互制约、转化、补偿、交换等作用，达到一个相对稳定的平衡阶段，这就是所谓"生态平衡"的概念。这个概念，在工业化的过程中，已经越来越受到重视。在一定条件下形成的生态平衡被破坏后，会产生局部性甚至灾难性的后果。这个概念，也为植物与环境因子相互之间的辩证关系，增添了新的含义。

森林与生态环境的问题属于植物生态学范畴。植物生态学的任务，就是研究植物间、植物与环境之间的相互关系，这对保护、利用、改造和栽培植物都有重要意义。在科学技术迅速发展的现代，植物生态学也在不断地发展。自达尔文的进化论发表以后，植物对环境的适应及其地理分布，就已成为植物生态学的主题。进入20世纪以来，从生理学的角度研究植物对环境因子的反应的实验生态学得到了发展，以群体为对象的植物群落的研究已成为一个重要的领域，并且由于数理统计的发展和渗透，开拓了统计群落学这样的新的分支。与此同时，以环境因子、植物、动物作为一个整体的生态系统的概念日益受到重视，对于它的生态意义已有许多新的阐述，其中物质循环和能量转换等研究也正在开展之中。

森林与生态因子的关系

森林与光照

太阳光能是地球上一切生物能量的来源，也是森林生存不可缺少的物质基础，没有阳光，森林就不能生存。

光影响树木的生理活动。树木在整个生长发育过程，都是依靠光合作用所制造的有机物质来维持的，而太阳光则是树木进行光合作用的能量来源。光照强度对树木的光合作用有较大的影响。在低光照条件下，树木的光合作用较弱。随着光照强度的增加，光合作用强度也随之提高并不断积累有机物质，但光照强度达到一定程度时，光合作用达到饱和而不再增加。光能够调节气孔的开闭，又能增加树体温度，所以对于树木的蒸腾作用也有明显影响。

光也能影响树木的生长发育，这是由于光合作用所合成的有机物质是树木生长的物质基础，在一定范围内增强光照，有利于光合作用产物的积累，从而能够促进树木生长。但若树木过度稀疏，又会引起树木的枝权向四周扩展，干形弯曲尖削而降低光照蓄积。所以，造林密度、抚育间伐强度和树种混交等营林措施，都必须以光对树木生长的影响作为依据。

阳光透过树冠

光对树木的发育影响很大，具体表现在光照强度和光周期、光质（光的组成）对树木开花结实的影响上。树木开花结实必须有充足的营养积累和适宜的环境条件，而充足的光照条件有利于树木营养积累，促进花芽的形成。光也影响树木的形态特征，在全光照或强光照下生长的树木，树冠庞大，树干粗矮。在弱光下生长的树木，树干细长，树冠狭窄且集中于上部。长期单方面光照，常会引起树冠的偏冠，甚至导致树干倾斜、髓心不正，降低木材的工艺价值。

不同的树种对光照的需求量及适应范围不一样，有些喜欢较强的光，有些能够忍耐庇荫，所以根据树种耐荫性的强弱，可以将树种划分为阳性树种（即只能在全光照或强光照条件下正常生长发育，而不能忍耐庇荫，在林冠下一般不能正常更新）、耐荫树种（能在庇荫条件下正常生长，在林冠下可以正常更新，有些强耐荫树种甚至只有在林冠下才能完成更新过程）和中性树种（介于上述两者之间的树种）。但是树种对光的要求不是固定不变的。同一树种在不同的环境条件下，对光的要求也有变化。如生长在湿润肥沃土壤中的树木，它的耐荫力就强一些。这是因为土壤湿润、肥沃而补偿了光照的不足。同理，在干燥贫瘠的土壤中生长的树木，则多表现出阳性树种的特征。

同一树种的不同年龄阶段，对光的要求也不一样。一般树木在幼小时期耐荫性较强，以后随树龄的增加，需光量逐渐增大，开花结实时需光量最多。例如，在林冠下造林，幼树最初阶段在林冠庇荫下生长得很好，但如果长期生长在林冠下，就会因光照不足而生长不良。

森林与温度

森林中的一切生物的生理活动都必须在一定的温度条件下才能进行，而温度过低和过高都会造成树木生长减慢、停止甚至死亡，并且温度的变化还会引起环境中其他因子的变化。

树木的光合作用和呼吸作用都受该树种适应的最低温度和最高温度的限制，同时还存在最适宜的温度。树木的蒸腾作用也受温度的影响，因为气温的高低会改变空气湿度而间接影响树木的蒸腾作用；气温的变动也会直接影响叶面温度、湿度和气孔的开闭。

温度对树木的生长发育影响很大，树木的种子只有在一定的温度条件下才能发芽、生长，树木生长也在一定的温度范围内进行。一般来说在 0～35℃ 的范围内，树木生长随着温度的升高而加快。这是因为温度上升将使树木的细胞膜透性增大，对水分、二氧化碳和盐类的吸收增多，光合作用变强，蒸腾作用加快，促进了细胞的延长和分裂，从而引起树木生长量的增加。

由于温度的影响，树木在一年中有一定的生长期。由于各地区温度条件的不同，生长期的长短也不一样，一般南方树木的生长期比北方长。

由于各树种对温度有一定的要求，而不同地区的温度条件又有很大的差别，因此各树种的分布只能局限在一定的范围之内。如在中国，杉木只分布于秦岭淮河以南；樟树的北界不过长江；马尾松只能在华中以南地区等。有些树种引进到自然分布区外而不能成功，往往是受温度因素的限制。

森林的水平地理分布也主要受到温度的影响。就光热条件而言，我国从南向北随着温度的降低可以分成赤道带、热带、亚热带、暖温带、温带和寒温带。每个温度带内由于温度不同，都有其相应的树种和森林类型。

在山地条件下，由于海拔升高而温度降低，因而在不同的海拔高度上，也相应分布着不同的树种和森林类型。当海拔上升到一定高度后，往往由于温度太低和低温持续时间太长，使得乔木树种很难生长。原来是高大乔木，在这些地方也可能长成矮小的"小老头"树。

温度有时会出现突然降低或升高的现象，尤其是在冬、春季节，频繁的寒潮袭击，对于树木，特别是一些外来树种的苗木和幼树的生长和生存影响很大。当温度在0℃以下时，会出现冻害，使部分树种的花芽、树条、主干，甚至根部出现死亡现象。同时还会出现霜害和冻拔等现象。连续的高温天气，也会使树木发生皮烧或根茎灼伤的现象。

森林与水分

水分参与树木一切组织细胞的构成和生命活动，是树木赖以生存的条件。降雨、降雪或冰冻等都会给树木的生长带来影响。

水是构成植物体的无机成分之一。树木的所有部分都含有水分，幼嫩部分如根夹、茎夹、形成层、幼果和嫩叶等都含有水分，树干的水分含量也有40%～50%，连最干燥的种子也含有一定量的水分。

树木体内的一切代谢过程必须在有水的环境中才能进行。水分还可以使树木体的一些组织保持膨胀状态，使一些器官保持一定的形状和活跃的功能。当遇到干旱时，树木常因失水过多而发生严重水分亏缺，许多生理过程将受到严重干扰，甚至引起死亡。

水分影响树木的生长发育。降雨是土壤水分的主要来源，树木在生长期内降雨越多，其直径生长越快。树木单株纵向生长不仅受当年降雨量影响，而且与经年降雨量的多少也有密切关系。有时降雨的强度和持续时间也会影响树木的生长效果。在有些树木开花期间，若阴雨连绵将严重妨碍开花传粉。在其果实成熟之前，若降雨过多，将延长成熟期，降雨太少，又会引起落花落果，降低种子的产量和质量。

空气中水汽的含量，显著地制约林地水分的蒸发和树木的蒸腾作用。当温度较高时，蒸发和蒸腾作用加强，若此时根系吸收的水分供不应求，树木体内的水分就会失去平衡，生长缓慢，甚至引起凋萎。

水分也能限制森林的分布。只有在一定的水分条件下，才能有树木生长。在一个大的地理范围内，森林的分布与降水量的多少有密切关系。可以说森林是在一定温度条件和一定湿度气候下的产物。在我国，一般年降水量大于400毫米的地区才会有森林分布；300～400毫米的地区为森林草原；200～300毫米的地区为草原；200毫米以下则为荒漠地带。

在自然界中，不同的树种对土壤的水分有不同的适应能力，因此可以分为：

旱生树种：在长期干旱条件下能忍受水分不足，并维持正常生长发育的树种。

湿生树种：能生长在土壤含水量很高，大气湿度大的潮湿环境中的树种。

中生树种：生长在中等水湿条件下，不能忍受过干或过湿条件的树种。

森林与风

风除了直接影响森林外，更主要的是它能改变空气的湿度和温度，进而改变森林的生态条件，影响树木的光合作用和蒸腾作用。

风与树木的蒸腾作用的关系甚为密切。随着风速增加，蒸腾作用也逐渐旺盛，但如果风速太大，由于植物耗水过多，叶片的气孔会关闭起来，这时蒸腾作用和光合作用都会显著下降。所以如果树木长时间在干热强风吹袭之下，就会发生枯梢或干死。

强风会加快空气流动、加速叶片水分散失，导致树木的气孔关闭，减少其对二氧化碳的吸收，降低森林的二氧化碳的含量，从而影响树木的光合作用。

风对树木的繁殖也有影响。大多数乔木、灌木树种靠风传粉。一些树种的花粉极微小，能随风飘散几百千米或被风抬升到很高的空中，有的花粉上带有小气囊，更便于随风飘散。这些风媒植物，如果没有风，就不能繁衍后代。有些树木的种实也需借风力传播。

强风会给森林带来严重危害。它能引起树木落花落果，有时还会造成整棵树被吹倒或树干被折断。尤其是阵发性大风，其破坏力是相当大的。

森林与大气

大气圈指包围地球的气态圈层。大气圈中的空气分布不均匀，愈往高空，空气愈稀薄。大气总质量的50%集中在6千米以下，99.9%集中在50千米以下。位于大气圈最下部，受地表影响最剧烈的是对流层，温度特点是上冷下热，空气对流活跃，形成风、云、雨、雪、雾等各种天气现象。大气污染现象也主要发生在对流层内。

空气是复杂的混合物，在标准状态下（0℃、101千帕、干燥）按照体积计算，氮气大约占78%，氧气大约占21%，稀有气体大约占0.94%，二氧化碳大约占0.03%。其他为氢气、臭氧和氡及灰尘、花粉等。

上述空气成分以二氧化碳和氧气的生态意义最大。二氧化碳是绿色植物光合作用的主要原料，氧气是一切生物呼吸作用的必需物质。除这些直接作用外，大气还通过光、热、水等对森林植物产生间接的影响。因此，大气是森林植物赖以生存的必需条件，没有空气就没有生机。

空气成分的相对比例发生变化及有毒有害物质排放，会引起严重的空气污染。研究污染物对森林植物危害的机制、后果和森林植物的净化作用、监测功能，是污染生态学涉及的重要内容，此外空气流动所形成的风，对森林植物亦有重要的生态作用。反之，森林对这些生态因子也会产生相应的影响。

二氧化碳、氧气的生态平衡

生物界是由含碳的化合物的复杂有机物组成，这些有机物都是直接或间接通过光合作用制造出来的。根据分析，植物干重中碳约占45%，氧约占42%，其中碳和氧均来自二氧化碳。二氧化碳对树木的生长和森林生产量十分重要。

大气圈是二氧化碳的主要蓄库和调节器，大气的二氧化碳浓度平均为320毫克/千克，随时间变化呈现年变化和日变化的周期性特点。在森林分布地区，由于森林植物光合作用的时间变化规律，二氧化碳浓度与此呈现相适应的变化规律，即生长季二氧化碳浓度降低，休眠季节二氧化碳浓度增加。二氧化碳浓度在森林内最高值出现在夜间的地表，最低值出现在午后的林冠层，体现出森林二氧化碳浓度垂直梯度的昼夜变化特点。

植物吸收大量的二氧化碳，但是大气圈的二氧化碳不仅未减少，反而逐步增加，这是因为动物植物呼吸、微生物或枯枝落叶分解，加之煤、石油燃烧和火山爆发等会产生众多二氧化碳。工业革命前地球大气中的二氧化碳含量约是280毫升/升，如按目前增长的速度，到2100年二氧化碳含量将增加到约550毫升/升，即几乎增加一倍。由于二氧化碳含量增加导致的温室效应，将使全球气温上升，气候出现异常。

温室效应是指由于大气中二氧化碳、甲烷、臭氧、氟利昂等微量气体的含量增加而引起地面升温的现象。太阳辐射透过大气，其中大部分到达地面，地表由于吸收短波辐射后，再以长波的形式向外辐射，大气中的二氧化碳和水汽等允许短波辐射穿过大气，但却阻碍地面反射的红外长波辐射，导致地表和大气下层的温度增高。这种效应与大气中的温室气体的含量有关。

温室气体是指能引起温室效应的气体，如二氧化碳、水蒸气、甲烷、臭氧、一氧化二氮、氯氟烃等。

若全球平均温度增加4℃以上，则会引起高山和两极冰块融化，海平面上升，全球大气环流将会发生难以预料的变化。

海洋是二氧化碳另一个蓄积库，海洋含碳量达到陆地的近20倍，达到大气的约50倍，人类排放的二氧化碳约25%溶解在水体流入海洋，此外还有浮游植物呼吸、有机质分解和地面淋溶增加了海水中的二氧化碳含量。高纬度海洋通过深层"寒流"将大量从大气中吸收的二氧化碳输送到热带地区，从而完成了全球水陆二氧化碳的循环。

氧气主要来源于绿色植物的光合作用。

对于森林植物而言，由于土壤中植物的根系、动物、真菌、细菌消耗大量的氧气，而扩散补充过程又异常缓慢，土壤含氧量不足将影响林木根系的呼吸代谢，此情况尤以土壤板结积水时更为突出。

二氧化碳增加必然消耗大量的氧气。当二氧化碳浓度增加到一定限度时，就会破坏二氧化碳和氧气的平衡，对动物植物生长发育和人们的生活健康带来危害。

人口密集、工厂林立使空气中二氧化碳含量不断增加。当二氧化碳浓度达到1%时会引起明显的症状，如头晕、胸闷、心悸等；到达5%时，呼吸频率会加快约3倍，出现气喘、眩晕等；达到10%甚至引起死亡。

绿色植物是二氧化碳和氧气的主要调节器。据估算，植物通过光合作用每吸收44克二氧化碳，就能产生32克氧气。根据测定，一公顷森林一般每天能吸收约67千克二氧化碳，产生约49千克氧气。植树造林不仅能美化环境，还能调节环境中二氧化碳和氧气的平衡，净化空气。

大气污染与树木的关系

大气污染是环境污染的一个方面。现代工业的发展不仅带来了巨大的物质财富，同时也带来环境污染。当人们向空气中排放的有毒物质种类和数量愈来愈多，超过了大气的自净能力，便产生了大气污染。

大气污染是指大气中的烟尘微粒、二氧化硫、一氧化碳、二氧化碳、碳氢化合物和氮氧化合物等有害物质在大气中达到一定浓度和持续一定时间后，破坏了大气原成分的物理、化学性质及其平衡体系，使生物受害的大气状况。大气污染由大气污染源、大气圈和受害生物三个部分组成。

大气中的有毒物质流动性强，随气流飘落到极远的地方，而且能毒害土壤，污染水体。例如在终年冰雪覆盖的南极洲定居的企鹅体内，已经发现了DDT（现已禁用的杀虫剂）。

大气污染物种类约有一百种，通常分为烟尘类、粉尘类、无机气体类、有机化合物类和放射性物质类。烟尘类引起的大气污染最明显、最普遍，尤以燃料燃烧不完全、不充分出现的黑烟更严重。烟尘是一种含有固体、液体微粒的气溶胶。固体微粒有烟尘、粉尘等，液体微粒有雾滴、硫酸液滴等。粉尘类指工业排放的废气中含有许多固体或液体的微粒，漂浮在大气中，形成气溶胶，常见的如水泥粉尘、粉煤灰、石灰粉、金属粉尘等。无机气体类为大气污染物质中的大部分，种类很多，例如二氧化硫、硫化氢、一氧化碳、臭氧、氨、氟、氯气等。此外二氧化碳浓度剧增后，会引起温室效应和形成酸雨。有机化合物类是有机合成工业和石油化学工业发展的附属品。进入大气的有机化合物如有机磷、有机氯、多氯联苯、酚、多环芳烃等。它们主要来自工业废气、交通运输、农业活动等，有的污染物进入大气发生系列反应形成毒性更大的污染物。放射性物质类是指放射性物质如铀、钍、镭、钚、锶等尘埃扩散到大气中，降落地面后经化学过程和生物过程等，导致食物污染。

大气污染物对树木的危害，主要是从树木的气孔进入叶片，扩散到叶肉组织，然后通过筛管运输到植物体其他部位，影响气孔关闭、光合作用、呼吸作用和蒸腾作用，破坏酶的活性，损坏叶片的内部结构；同时有毒物质在树木体内进一步分解或参与合成过程，形成新的有害物质，使树木的组织和细胞坏死。花的各种组织，如雌蕊的柱头，也很易受污染物伤害而造成受精不良和空瘪率提高。植物的其他暴露部分，如芽、嫩梢等也易受到侵染。

大气污染危害一般分为急性危害、慢性危害和隐蔽危害。急性危害是指在污染物高浓度影响下，短时间使叶表面产生伤斑或叶片枯萎脱落；慢性危害是指在低浓度污染物长期影响下，树木叶片褪绿等；隐蔽危害是指在低浓度污染物影响下，未出现可见

受酸雨腐蚀后的森林

症状，只是树木生理机能受损，生长量下降，品质恶化。

大气污染对森林植物危害程度除与污染物种类、浓度、溶解性、树种、树木发育阶段有关外，还决定于环境中的风、光、湿度、土壤、地形等生态因子。

风对大气污染物既有输送扩散作用，又有自然稀释作用。风速大于4米/秒，可以移动并吹散被污染的空气；风速小于3米/秒，仅能使污染空气移动。就风向而言，污染源上风向的污染物浓度要比下风向低。

光照强度影响树木的叶片气孔开闭。白天光照强度引起气温增加，树木的气孔张开，而夜间树木的气孔关闭。通常有毒气体是从树木的气孔进入树木体内，所以树木的抗毒性在夜间高于白天。

降雨能减轻大气污染。但在大气稳定的阴雨条件下，叶片表面湿润，容易吸附溶解大量有毒物质，从而使树木受害加重。

特殊的地形条件能使污染源扩大影响，或使局部地区大气污染加重。例如，海滨或湖滨常出现海陆风，陆地和水面的环流把大气污染物带到海洋，污染水面。又如，山谷地区常出现逆温层，而有毒气体比重一般都大于空气，故有毒气体大量集结在谷地，发生严重污染。

森林植物的抗性

森林植物的抗性指森林在污染物的影响下，能尽量减少受害，或受害后能很快恢复生长，继续保持旺盛活力的特性。

树种对大气污染的抗性取决于叶片的形态结构和叶细胞的生理生化特性。根据研究，叶片的栅栏组织与海绵组织的比值和树种的抗性呈正相关；气孔下陷、叶片气孔数量多但面积小，气孔调节能力强，树种的抗性较强；在污染条件下，抗性强的树种细胞膜透性变化较小，能够增强过氧化酶和聚酚氧化酶的活性，保持较高的代谢水平。

就树种的抗性而言，一般来说，常绿阔叶树＞落叶阔叶树＞针叶树。

森林植物的净化效应

森林植物的净化效应通过两个途径实现。

其一，通过植物叶片吸收、分解、转化大气中的有毒物质。

叶片吸收大气中有毒物质以减少大气有毒物质的含量，并使某些有毒物质在植物体内分解转化为无毒物质。

其二，植株的富集作用。植株吸收有毒气体，贮存在体内，贮存量随时间不断增加。

由于森林植物的光合作用、生理代谢过程和气体交换等特点，使环境的空气质量得到改善；利用园林绿化防护带对噪音的衰减、遮挡、吸收作用，从而起到减弱噪音的功能。

如果我们在树林里，往往会听到风在呼呼地吼叫，无论多大的风，在密林中也感觉不出来，稍隔一会儿，就可以看到林冠动摇，接着风沿树干吹下，我们才会感到有一股微风吹来。这是因为风的力量大部分消耗在使林冠动摇上，仅有一小部分深入林中，因此林中的风大大减弱。

另外，森林还可以调节空气湿度。由于风速降低，加之枝叶滞留及吸附尘埃，含尘量大为减少，因而能够有力地影响空气的湿度。冬季，绿地里的风速较小，空气的乱流交换较弱，土壤和树木蒸发的水分不易扩散，因此绿地里的绝对湿度普遍高于未绿化地区。春季，树木开始生长，从土壤中吸收大量水分，然后蒸腾散发到空气中去，风速减低，水汽不易扩散，因此绿地内绝对湿度比没有树的地方高、相对湿度也有所增加，这可以缓和春旱，有利于农业生产。秋季，树木落叶前逐渐停止生长，但蒸腾作用仍在进行，绿地中空气湿度虽没有春、夏季大，但仍比非绿化地区高。夏季，林木蒸腾作用大，比同等面积的土地的蒸发量高约 20 倍。所以林地水汽增多，空气容易接近饱和，因此绿地内湿度比非绿化区大。这为人们在生产、生活上创造了凉爽、舒适的气候环境。

加强工厂区绿化造林，并在工厂与农田之间建造隔离防护林带，对减风固沙、防止烟尘危害、调节温湿度，保证农作物的丰收，有重要的意义。

森林与土壤

土壤是树木生长和发育的场所，也为树木生活提供必需的水分、养分、温度和空气。在同一气候区内，土壤条件的差异又往往是形成多种森林类型的直接原因。

树木植根于土壤之中

土层厚度直接影响着土壤水分和养分状况，通常土层浅薄处，土壤贫瘠干燥，而土层深厚处，土壤较肥沃湿润，同时，土层厚度也决定着树木根系分布的空间范围。同种树木在不同的土层厚度上，其生长量差别很大。在丘陵山地土层瘠薄的山顶、山坡、山脊一般只有少量树种分布；而在土层深厚的山脚和山洼，则生长杉木、毛竹等多种树种。

不同质地的土壤，具有不同保持养分和水分的能力，所以影响着树木的生长和分布。砂土蓄水性能差，保肥性能差，只能生长马尾松等耐干旱贫瘠的树种；黏土通气不良，易积水，宜生长的树木较少；土壤既通气透水，又能蓄水保肥，是林业生产上最理想的土壤，适宜多种用材树种和经济林木生长。

不同的土壤结构，会表现出不同的肥力状况和土壤特性，其中团粒结构多的土壤的耕性、保水保肥性能及气热状况均好，是树木生长最好的土壤结构形态。

土壤的酸碱度也会影响土壤的肥力和树木的生长情况。不同的树种对土壤的酸碱度表现出不同的适应范围和要求。杉木偏酸性，胡杨偏碱性。

土壤为树木生长提供和协调其所需的水、肥、气、热的能力，即土壤肥力，对树木的生长影响十分重大。土壤中的水分含量多少，土壤中的空气是否状况良好，以及土壤温度、养分等情况，都直接给林木的生长带来影响。

在土壤中，还有数量庞大的细菌、真菌、放线菌、藻类等微生物。它们繁殖快、活动性强，对改良土壤和促进树木的生长起着较大的作用。土壤中的微生物可以分解地面的枯枝落叶，并将其转化成树木生长所需的营养物质。

豆类植物与土壤中的固氮菌、根瘤菌结成共生体，能够固定大气中的游离氮素，供树木生长用。有些树木的根与真菌共生，形成"菌根"。有的能固氮，有的能分泌酶，增加树木营养的有效性；有的可以产生抗生素，保护幼根免于寄生物入侵；当然，也有些微生物会引起养分损失或分泌有毒物质，给树木生长带来不利的影响。

森林与生物

森林中生存着多种植物、动物和微生物，它们之间都相互影响，相互作用。

在林木与林木之间，树冠往往相倚相靠，会产生撞击、摩擦，会使树木的叶、芽、幼树受到损伤。它们的根系连生在一块，有利于提高抗风能力、互相交换营养物质和水分等，但也有夺取对方林木生长的养分和水分的不利一面。因此，林木之间围绕着从环境中获得营养物质和能量，而发生一些相互竞争。树种与树种之间也能存在竞争。另外，有些树木的叶、花和根能分泌出特殊的生物化学物质，对其他树木的生长发育产生某些有益作用或抑制和对抗作用。

林木和林下的淡水和草本植物也存在密切联系。森林组成的树种不同，其林下淡水和草本的种类和发育状况也不同。在耐荫树种和常绿阔叶树种组成的森林中，林下植物种类和数量都很少，而且多是耐荫性的。而在树冠稀疏的阳性树种组成的森林中，林下植物种类繁多，生长茂密，多为喜光性的。反之，下木和草本植物的生长发育对森林更

林中繁茂的植物

新的影响同样较大，下木和草本植物太繁茂，对林木生长不利。下木和草本植物对防止森林火灾有重要作用，多数下木不易燃烧，能减轻火灾危险性，但是禾本科杂草则会增加火险性。

森林中的一些藤本植物，对林木的生长是不利的。它们缠绕在树干上，甚至攀缘到树冠顶部，会在树干上造成螺旋状沟纹或臃肿隆突，降低木材质量。在潮湿的环境中，常有一些苔藓、地衣和蕨类植物，借助树根附生在树干、枝、茎以及树叶上，能影响树冠的光照条件和削弱叶片的呼吸作用。有时还会因重量过大，致使树干弯曲或枝条折断。

缠绕树干的藤

森林和动物之间也是相互联系的。任何类型的森林中都栖息着种类繁多、数量庞大的动物。森林为动物提供了丰富的食物来源和生活场所。但动物的活动对森林土壤、小气候和森林的生长发育、更新、演替等都有很大的影响。像蚯蚓等能改良土壤；许多植物依靠昆虫、鸟类或其他动物来传播花粉；许多树木的种子需要靠动物来传播。当然，有些昆虫、鸟类和鼠类，是以林木种子为主要食物，常使种子减产，甚至颗粒无收。有些动物以树叶为食，有些动物以小枝和嫩梢为食，有些动物蛀空树干，常造成树木死亡。因此，人们常把动物对森林的作用区分为有益的和有害的。

以森林为家的猿猴

森林与地形

地形对树木的生长是通过对光、温度、水分、养分的分配而起作用的。随着海拔高度、坡向、坡度、坡位的变化，各气象要素及其综合状况都将随之发生变化，因而在较小的范围内也会出现气候、土壤和树木的差异，可以看到不同树木组合或同种树木的不同物候期。

随着海拔高度升高，太阳辐射强度也增加，但因风力渐大，空气渐稀薄，吸热和保暖作用逐渐减弱，故气温下降，生长季缩短。同时降水量和空气湿度随高度增加而增加，但到一定程度会减少。由于气候条件的这些变化，使土壤和树木也由低海拔向高海拔顺序变化，最终形成不同的垂直带，被称为树木垂直带谱。山区的树木垂直分布有一定的限度是因为高山区风速大、日照强、温度低，树木所需的水分常常得不到保证，加上土壤的微生物活动因低温而受到限制，使得树木的枯枝落叶层分解缓慢，土壤酸度增大、灰化作用增强、肥力降低，所以当达到一定海拔高度时，树木不再分布，此界限为树木分界线，又称为"树木线"。

森林地貌

坡向对太阳辐射强度和日照时数影响很大。阳坡日照长，温度高，湿度小，树木生长季长，有机物积累少，较干燥贫瘠，因而多分布喜暖、喜光、耐旱的植物种类。而阴坡情况相反，多分布耐寒、耐荫、耐湿的种类。树木的生长也是南坡早于北坡。坡度的主要影响表现为坡度愈大，水分流失愈多，土壤受侵蚀的可能性也愈大，土壤浅薄而贫瘠。所以，在平坡上，土壤深厚肥沃，宜于农作物和一些喜湿好肥的树种生长。缓坡和斜坡，不仅土壤肥厚，而且排水良好，最宜林木生长。陡坡土层薄，石砾多，水分供应不稳定，林木生长较差。在急坡和险坡上，常发生塌坡和坡面滑动，基岩裸露，林木稀疏而低矮。

随着坡位变化，阳光、水分、养分和土壤条件也发生一系列变化。一般来说，从山脊到山脚，日照时间渐次变短，坡面所获得的阳光不断减少，土壤逐渐由剥蚀过渡到堆积，土层厚度、有机质含量、水分和养分都相应增加，整个生境都朝着阴暗、湿润、肥沃的方向发展。因此，在天然植被少受干扰的坡面上，可以看到从上至下分布着对水肥条件要求不同的树种。

陆地上最大的生态系统

在人类居住的地球上，从巍峨的山系到一望无际的平原，从广阔的海洋到奔腾不息的江河，蕴藏着十分丰富的植物资源。

人们把覆盖在地球表面上的众多植物形象地称为植被。按各种植物有规律地组合在一起的现象，把植被分成各种植物群落。森林就是植物群落中的一个类型。

森林在国民经济中的作用，可以概括为两个方面。一方面是有形的、直接的经济效益，就是提供木材和林副产品；另一方面是无形的、间接的，即森林的生态效益。而间接的生态效益往往高于经济效益，甚至高于经济效益的若干倍。少数国家曾对森林的间接生态效益进行过估算。据报道，美国森林的间接生态效益约是直接经济效益的九倍。森林在维护整个生态系统的平衡过程中与社会生产、生活的各个部门，各个环节都发生着直接或间接的关系。例如森林对于涵养水源、保持水土、净化大气、防风固沙、改良土壤、防治污染、调节气候等与人类健康紧密相关的

陆地上最大的生态系统——森林

诸方面均有密切关系。从这个意义上说，森林是陆地上最大的生态系统，是地球的净化器。

提起森林，我们就会想到参天的大树、望不到边的林海。谁也不会把房屋前后、田埂地边、公园庭院中的零星树木或小片树林叫做森林。"独木不成林""双木为林，三木成森"，"森林"二字就是由很多的木组成的。这样的解释，说明了森林的外表形象，没有说明森林的本质。就我们今天对森林的认识来说，森林的概念通常认为是：以木本植物为主体，包括下木、草本植物、动物、菌类等在内的生物群体，与非生物界的地质、地貌、土壤、气象、水文等因素构成的自然综合体。也就是说森林不单是木本植物，而且包括林内的其他草本植物、动物和微生物。

在森林的生物群体中，乔木是最引人注目的部分，与乔木共同生活的还有多种灌木、藤本植物、草本植物、蕨类植物、苔藓植物和菌类，还有多种昆虫、哺乳动物、飞禽、爬行动物和两栖动物等。这些生物之间，构成互相依赖、彼此联系、相互作用、相互影响的关系。其中，树木和其他所有的绿色植物，都是能够把光能转化为化学能的生产者。绿叶通过光合作用，吸收空气中的二氧化碳、土壤中的水分及无机元素，制造成糖类和淀粉，以供养自身生长和发育的需要。动物是这个生物群体中的消费者，它们一部分以植物为食物，一部分则捕食以植物为食物的动物，因此，这两种动物都无法离开植物单独生存。细菌、真菌和一些小动物是这个生物群体中的分解者，它们能使植物的枯枝落叶、动物的残体和排泄物腐烂、分解，变为无机物，再还原给绿色植物吸收利用。

在森林里，就是通过这些生产者、消费者和分解者的"工作"，使各种生物群体和无生命的环境之间紧密联系起来，成为不可分割的整体，构成了循环不息的能量转化和物质交换的独立系统。这就是我们常说的森林生态系统。

那么，森林具有什么特点呢？

首先，森林占据的空间大。这主要表现在三方面：

一是水平分布面积广。拿我国来说，在我国北起大兴安岭，南到南海诸岛，东起台湾省，西到喜马拉雅山，在广阔的国土上都有森林分布。

二是森林垂直分布高度。其一般可以达到终年积雪的下限，在低纬度地区分布可以高达4200～4300米。

三是森林群落高于其他的植物群落。生长稳定的森林，森林群落的高度一般在30米左右，热带雨林和环境优越的针叶林，高度可达到70～80米，有些单株树木的高度可以达到150多米。而草原群落高度一般在0.2～2米，农田群落高度多数在0.5～1米。

所以森林对空间的利用能力最大。

其次，森林的主要成分树木的生长期长，寿命也很长。在我国，千年古树，屡见不鲜。根据资料记载，苹果树能活100～200年；梨树能活约300年；核桃树能活300～400年；榆树能活约500年；桦树能活约600年；樟树能活约800年；松、柏树可以活超过1000年。树木生长期长，从收益的角度看，好像不如农作物等的贡献大，但从生态的角度看，却能够长期地起到保持水土、改善环境的作用。所以森林对环境的影响面大，持续期长，防护作用大，效益明显。

千年柏树

再次，森林内物种丰富，生物产量高。在广大的森林环境里，繁衍着众多的森林植物种类和动物种类。有关资料表明，地球陆地植物有90%以上存在于森林之中，或起源于森林；森林中的动物种类和数量，也远远大于其他生态系统。而且森林植物种类越多，结构越多样化，发育越充分，动物的种类和数量也就越多。在森林分布地区的土壤中，也有极为丰富的动物和微生物。森林有很高的生产力，加之森林的生长期长，又经过多年的积累，它的生物量比其他任何生态系统都高。因此，森林除了是丰富的物种宝库外，还是最大的能量和物质贮存库。

从次，森林是可再生资源。森林只要不受致命性的人为或自然灾害的破坏，在林下和林缘能不断生长幼龄林木，形成下一代新林，能够世代延续演替下去，不断扩展。在合理采伐的森林迹地和宜林荒山荒地上，通过人工播种造林或植苗造林，可以使原有森林恢复，生长成新的森林。

最后，森林的繁殖能力很强。森林中的多种树木，繁殖更新能力很强，而且繁殖的方式由于树种的不同而多种多样。有的通过种子繁殖，有的通过根茎繁殖。有些树木的种子还长成各种不同形态，具备多种有利于自己传播繁殖的功能。如有的种子带翅，有的外披绒毛，甚至有的还"胎生"。种子的传播依靠风力、重力、水和鸟兽等自然力来完成。无性繁殖的树种很多，杨树可用茎干繁殖；杉木、桦树等根颈部能萌芽更新；泡桐的根可再发新苗；竹类的地下茎鞭冬春季发笋成竹。

森林所具有的上述特点，为自身在自然界的生存和发展创造了优势条件，也为我们人类合理地进行林业生产提供了依据。

森林的生态功能

森林的生态功能是多样的，对人类社会产生的效益也是多方面的。从前一节中我们已经知道森林对人类社会的作用可归结为：一是为人类提供生产、生活所需的物质资料，这是直接效益；二是涵养水源、保持水土、防风固沙、调节气候、净化空气等方面的作用，这是间接效益。随着工业的发展，环境污染日益严重。森林遭受严重破坏以后，带来生态环境恶化的后果，使人们越来越清楚地认识到，森林在环境保护方面的作用极其重要，如果用价值来计算，那是远远超过了它所提供的木材和林产品的价值。具体来说，森林的主要生态功能和效益，表现在以下各个方面：

保持水土，涵养水源

水土流失也叫土壤侵蚀，是山区、丘陵区的森林植被受到严重破坏后，降落的雨水不能就地消纳，顺沟坡下流，冲刷土壤，使土壤和水分一起流失的现象。它是一种严重破坏人类生存环境的灾害。水土流失区，由于肥沃土壤不断随水流失，最终使沃土变为瘠薄不毛之地，从而丧失农业生产的基本条件。被冲刷下泄的泥沙，经过辗转搬运，填入下游的水库、湖泊，或淤塞江河、渠道，或堆积入海河口，减少了水库、湖泊的蓄水容量，阻碍了洪水的流泄，很容易造成江河洪水泛滥成灾。另一方面，被冲刷的土壤对雨水的渗透力很差，降雨后很快形成地表径流，绝大部分降水迅速流走，而土壤内部能够涵养的水分很少，因而泉源枯竭，河、湖水量减少，甚至干涸。被冲刷的土壤面积愈大，地表的径流量也就愈大，形成洪水的时间也愈短。这就使下游河流的河水易涨易落，使良性河流变为恶性河流。这也是造成旱灾、水灾频繁的一个原因。在坡度陡峭的山区和黄土高原地区，降雨集中时还会发生滑坡和泥石流灾害，使人民生命财产遭受严重损失。

黄土高原的千沟万壑景象

我国的水土流失问题十分严重。据估计，全国水土流失面积约有 270 万平方千米。西北黄土高原古代森林密布，土地肥沃。自春秋战国以来，历代对自然资源的掠夺开发和对森林的长期破坏，致使水土流失日趋严重，肥沃的土地变成了支离破碎的千沟万壑。每年流入黄河的泥沙高达 16 亿吨，使黄河下游河床每年抬高约 10 厘米，给华北平原造成严重的洪水威胁。南方土石山区水土流失的绝对量虽然比西北黄土高原少得多，但是因为土层较薄，石砾较多，从其后果的严重性来看，也是丝毫不能忽视的。

森林的重要功能之一，是承接雨水，减少落地降水量，能使地表径流变为地下径流，涵养水源，保持水土。山区丘陵有了森林覆盖，林冠如同无数张开的雨伞，雨水从上空降落时，首先受到繁枝密叶的承接，使一部分雨水沿着枝干流入地下，落地的降水量减少；同时，延缓雨水落地时间，削弱了雨滴对土壤表层的溅击强度，土壤受雨水侵蚀的程度就会减低。据测定，林冠所截留的雨水能占到降雨量的15%～40%，5%～10%的雨量可被枯枝落叶层吸收。

另外，林地的土壤疏松，孔隙多，对雨水的渗透性能强，降雨的50%～80%可以渗入地下，成为地下水。因此，林地比无林地每亩最少可以多蓄20立方米水，1万亩森林地的蓄水量就相当于100万立方米容量的水库。降雨经过林冠的截留和林地的渗透贮存，实际流出林地的只不过1%，雨水的流量既小，又受到林下的杂草、灌木丛和枯枝落叶层的阻挡，流动速度也就大大降低，难以形成冲刷土壤的径流。据对祁连山水源林的观测，在高出地面2000米的山上，雨后约69.5天，雨水才能从山上流到山下。

森林在水分循环中起到了"绿色天然水库"的作用，雨多它能吞，雨少它能吐，在维持地球良性水平衡环节中起到举足轻重的作用。

净化水源，保护水质

森林不但能涵蓄水源，而且能净化水源，保护水质。据资料记载，含有大肠杆菌的污水，若从30～40米的松林流过，大肠杆菌数量可减少到原有的1/8。从草原流向水库的1升水中含大肠杆菌920个（以此作为对照值），从榆树及金合欢林流向水库的1升水中，大肠杆菌数比对照值少9/10。而从栎林和白蜡、金合欢混交林中流出的1升水中，大肠杆菌数只有对照值的1/23。

林木可减少水中细菌的数量，在通过30～40米的林带后，

1升水中所含细菌数量比不经过林带的减少1/2。在通过50米宽30年生杨、桦混交林后，其细菌数量能减少9/10以上。

据研究，从无林山坡流下来的水中，溶解物质的含量约为16.9吨/平方千米，而从有林的山坡流下的水中，溶解物质的含量约为6.40吨/平方千米。径流通过30～40米宽的林带，能将其中氨含量减低到原来的1/1.5～1/2.0。

森林还能影响到水库的水温。在有森林保护的水库中，水温较无森林保护的要低得多。水温的增加被称为热污染，容易使水产生不正常的气味，并引起水中微生物的各种变化。

城市中和郊区的河流、湖泊、水库、池塘、沟渠等有时会受到工厂排放的废水及居民生活污水的污染，水质变差，影响环境卫生及人民身体健康。而绿化植物有一定的净化污水的能力，这一点应引起注意。在国内外有的城市就利用水生植物和绿化植物进行消毒和杀菌，有一定的成效。

防风固沙，护田保土

风蚀也是土壤流失的一种灾害。风力可以吹失表土中的肥土和细粒，使土壤移动、转移。在风沙危害严重的地区，更是风起沙飞，往往埋没了农田和村庄。风对农作物的直接危害更为普遍。在防护林和林带的保护下，可以防止和减轻风带来的危害。当刮风时，气流受到林木的阻挡和分割，迫使一部分气流从树梢上绕过，一部分气流透过林间枝叶，分割成许多方向不同的小股气流，风力互相抵消，强风变成了弱风。据各地观测表明，一条10米高的林带，在其背风面150米范围内，风力平均降低50%以上；在250米范围以内，降低30%以上。

防护林带和农田林网不仅能够降低风速，还能增加和保持田间湿度，减轻干热风的危害。我国冬小麦在每年5、6月份小麦灌浆时期，常常受到干热风的侵袭而使小麦逼熟、减产。在林网保护下的农田比无林网农田，小麦产量可以提高约25%。

调节气候,增加降水

森林调节、改善气候的作用,主要表现在:

(1) 林内的最高气温与最低气温相差较小,一般特点是冬暖夏凉。这是由于林冠的阻挡,林内获得太阳辐射能较少,空气湿度大,日间林外热空气不易传导到林内。夜间林冠又起到保温作用,所以昼夜、冬夏温差小,林内最高气温低于林外空旷地,最低气温又比空旷地稍高或略低。

(2) 林内的地表蒸发量比无林地显著减小。这是因为生长期间的林内气温、土温较低,风速很小,相对湿度大。同时林地有死地被物覆盖,土壤疏松,非毛管性孔隙较多,阻滞了土壤中的水分向大气散发。

(3) 林地土壤中含蓄水分多,林内外气体交流弱,可以保持较多的林木蒸腾和林地蒸发的水汽,因而林内相对湿度比林外高,一般可高出10%~26%,有时甚至高出40%。

(4) 森林对降水量的影响虽然人们还存在着不同的看法,但实践证明,森林无论是对水平降水和垂直降水都有重要作用。森林里的云雾遇到林木和其他物体凝结而成水滴,或冻结成为固体(雾凇)融化成水滴降落地面,这就是水平降水。水平降水一般所占比重不大,但个别地区、特别是山地森林,由于水汽丰富,云雾较多,林木使云雾凝结成水滴的作用比较突出。森林的蒸腾作用对自然界水分循环和改善气候都有重要作用。据有关资料表明,1公顷森林每天要从地下吸收70~100吨水,这些水大部分通过茂密枝叶的蒸发而回到大气中;其蒸发量大于海水蒸发量的50%,大于土地蒸发量的20%。因此,林区上空的水蒸气含量要比无林地上空多10%~20%;同时水变成水蒸气要吸收一定的热量,所以大面积森林上空的空气湿润,气温较低,容易成云致雨,增加地域性的降水量。

杀毒灭菌,吸尘吸音

森林树木有吸尘灭菌、消除噪声的功能,对大气污染能够起到重要的净化作用。

（1）吸收二氧化碳，制造氧气。二氧化碳虽然是无毒气体，但是空气中的含量达到0.05%时，人就会感到不适，达到4%时就会出现头痛、耳鸣、呕吐症状。树木的光合作用能大量吸收二氧化碳并放出氧气。

（2）吸收二氧化硫。二氧化硫为无色气体，有强烈辛辣的刺激性气味。这是一种有害气体，数量多，分布广，危害大。当大气中二氧化硫浓度达到1~3毫克/立方米时，就会对眼结膜和上呼吸道黏膜有强烈刺激作用。随浓度增加可引起心悸、呼吸困难等心肺疾病，重者可引起反射性声带痉挛，喉头水肿以至窒息。

二氧化硫在湿度大的空气中，尤其在锰的催化作用下，则转化为硫酸雾，可长时间停留在大气中，其毒性比二氧化硫更强。硫酸吸附在1微米以下的飘尘微粒中，被吸入肺的深部，可造成肺组织严重的损害。因此，大气中二氧化硫往往是和飘尘联合侵蚀于人体。在伦敦烟雾事件和东京光化学烟雾事件中，二氧化硫、硫酸雾都造成了很大的危害。

树叶吸收二氧化硫的能力比较强，由于枝叶繁茂，树叶吸收能力比所占土地吸收能力要大8倍以上，可以减少二氧化硫对人体的危害。

树叶为什么能吸收二氧化硫呢？这是很有意思的。原来硫是植物体中氨基酸的组成部分，也是林木所需要的营养元素之一，树木中都含有一定量的硫。当二氧化硫被树木吸收后，便形成亚硫酸盐，然后它能够以一定的速度将亚硫酸盐氧化成硫酸盐。只要大气中二氧化硫的浓度不超过一定的限度（即林木吸收二氧化硫的速度不超过将亚硫酸盐转化为硫酸盐的速度），植物叶片就不会受害，并能不断吸收大气中的二氧化硫。当大气中二氧化硫的浓度逐渐增加，会使林木的吸硫量达到饱和，在某种情况下，大气中二氧化硫的浓度越高，树木吸收二氧化硫的速度越快、数量越大；而且，二氧化硫污染的时间越长，被树木吸收的二氧化硫量也越大，但并非无止境，在超过了一定的限度如树木不能忍受时，叶片因受害而停止吸收。

不同树种吸收二氧化硫能力

也不相同：1公顷柳杉林每年可吸收二氧化硫约720千克，而100亩的紫花苜蓿可吸收二氧化硫约150千克。

（3）吸收氟化物。氟化氢分子量为20.01，为无色有刺激性气体，对空气的比重为0.713，易溶于水，在潮湿空气中形成雾。这些雾可由呼吸道、胃肠道或皮肤侵入人体，主要危害骨骼、造血系统、神经系统、牙齿和皮肤黏膜等，重者可因呼吸麻痹、虚脱等而死亡。

林木与氟的关系是很微妙的。林木可减少空气中氟含量，因为林木吸收氟的能力很强。根据测定，各种植物叶片含氟化物含量，一般在0～25毫克/千克（干重）。但在大气中有氟污染的情况下，植物叶片能够吸收氟而使叶片中氟化物含量大大提高。如果植物吸收的氟超过了叶片所能忍受的限度，则叶片会受到损害。这就形成植物对氟的富集作用，桑树、构树等适合做饲料的树木的叶子氟含量高即出现对蚕、耕牛的危害。

大气中的氟主要为叶片所吸收，转运到叶尖和叶缘；很少从叶入到茎，或再从茎运输到根部。植物体内叶的含氟量通常较茎部为高。大气中的氟主要被植物叶片所吸收，因此氟的污染首先使植物叶片中含氟量增高几倍到几十倍。通常叶片中吸氟量多的植物，具有一定抗氟污染的能力。植物对低浓度氟有很大的净化作用，各种植物在一年内随着时间的增加，体内含氟量不断增加，一般秋季大于夏季，春季和冬季含氟量很少。有些植物叶片甚至能含每千克数千毫克的氟化物，也就是1千克这类植物的干叶，可吸收数千毫克的氟。

研究测定：泡桐、梧桐、大叶黄杨、女贞等抗氟和吸氟的能力都比较强，是良好的净化空气树种。加杨吸氟能力很强，但它抗性较差，叶片易受害发黄脱落，生长不良，只能在氟污染较轻的地区种植。

树叶中含氟量与氟污染源距离有密切关系，一般越近含量越高。氟化物对人、畜有害，人食用过多的含氟量高的粮食和蔬菜会中毒生病，牲畜吃了含氟量高的青草饲料、蚕吃了含氟的桑叶，都会中毒生病，故在有氟污染的工厂附近应做好防护措施。

通过造林净化氟还是有一定作用的，但因林木对氟有富集作用，所以在选用树种时，应明确是用来吸收氟，而不可做果品、喂蚕、作饲料，不能食用。有人认为，林木对氟有富集作用，所以不应在氟污染区种植林木，这也是不全面的。

（4）吸收氯气。氯为黄绿色有刺激性气体，氯易溶于水和其他有机溶剂中，氯溶解水中形成盐酸和次氯酸，次氯酸根很易分解成盐酸和新生态氧。人感觉到氯气的限度为3毫克/立方米，空气中氯以气体状存在。氯气主要通过呼吸道和皮肤黏膜对人体产生中毒作用。当空气中氯含量达40～60毫克/立方米时，即可能导致中毒，如空气中氯气含量达3000毫克/立方米时，则可引起呼吸中枢麻痹而迅速死亡。

受氯气污染的地区，一般树叶都有吸收积累氯气的能力。距污染源近的，叶片中含氯气的量较大。叶片中含氯气量增加还与大气中氯气浓度有关。阔叶树吸氯气能力大于针叶树，差距有时可达十几倍之多。

（5）吸收其他有害气体和重金属气体。氨为无色气体，有刺激性气味，极易溶于水。许多植物能吸收氨（如大豆、向日葵、玉米和棉花）。

汞对人有明显的毒害，但有些植物不仅在汞蒸气的环境下生长良好，不受危害，并且能吸收一部分汞蒸气。例如，夹竹桃、棕榈、樱花树、桑树、大叶黄杨、八仙花、美人蕉、紫荆、广玉兰、月桂、桂花树、珊瑚树、蜡梅等。

据国外报道，栓皮槭、桂香柳、加杨等树种能吸收空气中的醛、酮、醇、醚和安息香吡啶等毒气。据资料显示，有些树木能够吸收一定数量的铅、锌、铜、镉、铁等重金属气体。

（6）吸附尘埃。灰尘、煤烟、炭粒、铅粉等，是大气的主要污染物质。长时间呼吸带有这些污染物的空气，能使人感染呼吸道疾病以至硅肺等病。

林木对粉尘有很大的阻挡和过滤吸收作用，人们称它为"天然吸尘器"。这是由于林木的防风作用，因为树叶表面粗糙不平，多绒毛，叶还能分泌油脂或黏液，能滞留或吸附空气中的大量粉尘。比如草吸附粉尘的能力就比裸露的地面约大70倍，森林则约大75倍，因此森林吸尘能力最强。当含尘量很大的气流通过树林时，由于风速降低，大粒灰尘降落，再经枝叶滞留吸附，含尘量可大为减少。蒙尘的林木，经过雨水冲刷后，又可恢复其吸附粉尘的能力。

树木对灰尘的阻滞作用在不同季节有所不同。如有些树木冬季无叶，春季叶量少，秋季叶量较多，夏季叶量最多，因此，其吸尘能力与叶量多少成正比。据测定，即使在树木落叶期间，树木的枝干也能减少空气中含尘量的18%～20%。

（7）制造臭氧。高空的臭氧层，能遮蔽太阳发出的大部分紫外线。我们平时使用的制冷剂、喷雾剂、发泡剂、清洗剂、汽车和超音速喷气机排出的废气及某些工业废气都会侵蚀臭氧层，使到达地面上的紫外线量增加。众所周知，接受过多的紫外线照射，会使动物和人体产生皮肤癌。通过对小白鼠的实验表明，紫外线还会抑制机体对癌症的抵抗力。

臭氧能破坏水中苯酚、氰化物，除去铅、铁、锰等金属离子及有机化合物（如农药除莠剂、致癌物等）。臭氧用于船舱、矿井、地铁和防空洞中，能清洁空气、杀菌。如用来处理污水，脱色率高达90%。

较高浓度的臭氧很臭，对人的健康有害，然而，稀薄的臭氧不仅不臭，反而能给人以清新的感觉，闻着轻松愉快，对肺病有一定治疗作用。雷雨时，闪电划过长空，空气中的氧气在电弧的作用下，会形成少量的臭氧，雨后空气令人有清新、舒畅之感，就是这个道理。松树内含有松脂，易被氧化而放出臭氧来，因此疗养院常设在松林里。

松 林

（8）吸毒杀菌。许多树木和植物能分泌出杀死结核、赤痢、伤寒、白喉等多种病菌的杀菌素，可把浓度不大的有毒气体吸收，避免达到有害的浓度。

林木为何能杀菌？一方面由于绿化地区空气中的灰尘减少，从而减少了细菌，因为细菌等微生物不能在空气中单独存在和传播，而必须依靠人体、动物的活动或附着在尘土上进行传播；另一方面由于很多植物能分泌杀菌素，杀死周围的病菌。如桉树能杀死结核菌和肺炎菌，地榆根、松、柏、香樟、桧柏等许多林木，常常分泌出带有强烈芳香的植物杀菌素。15亩的桧柏，一昼夜能分泌出30千克杀菌素。

桉 树

据调查，闹市区街道上空气中的细菌要比绿化地区多7倍以上。比如，某城市内不同地区每立方米空气中细菌数：绿化区的庭院内为7624个，远离绿化区的庭院内为12372个，而火车站附近的热闹街道上为54880个。

城市绿化树种中具有很强杀菌能力的种类有：

黑胡桃、柠檬桉、悬铃木、紫薇、桧柏、薜荔、复叶槭、柏树、白皮松、柳杉、栎、稠李、枳壳、雪松。

其他如臭椿、楝树、紫杉、马尾松、杉木、侧柏、香樟、山胡椒、山鸡椒、枫香、黄连木等，也有一定的杀菌能力。

对二氧化硫的吸收量大、抗性强的树种有：加杨、国槐、桑树、泡桐、紫穗槐、垂柳、大叶黄杨、龙柏、青桐、厚壳树、夹竹桃、罗汉松、喜树等，松林每天可从1立方米空气中吸收约20毫克的二氧化硫，1公顷柳杉每年约可吸收720千克二氧化硫。

国 槐

（9）减少噪音。噪音是现代城市的一种公害，它会使人烦躁不安，损害人的听力和智力。当噪音达到 80 分贝时，就能使人感到疲倦和不安；达到 120 分贝时，就使人耳朵产生疼痛感。林木有减轻噪音的作用，一般 40 米宽的林带，可以降低噪音 10~15 分贝。

第二章　森林生态系统

森林生态系统的含义

　　森林生态系统概括地讲，它是一个由生物、物理和化学成分相互作用、相互联系非常复杂的功能系统。系统内生物成分可以连续生产出有机物质，从而发展成自我维持和稳定的系统。森林生态系统是生态系统分类中的一种，是专门研究以树木为主体的生物群落及其环境所组成的生态系统。森林生态系统是陆地生态系统中利用太阳能最有效的类型，尤其是在气候、土壤恶劣的环境条件中，更能发挥其独特功能。世界上所有植物生物量约占地表总生物量的99%，其中森林占植物生物量的90%以上。但由于人类的乱砍滥伐，热带森林正以每年1000～4000万公顷的速度消失。森林破坏的结果是：生物多样性减少、土地荒漠化加剧、沙尘暴次数增

繁茂的森林

多、人类的生存环境变得更为恶劣。为了更好地发挥森林的多种效益，就必须了解和掌握系统内相互作用的生物和它们的物理、化学等过程以及人类活动对它们的影响和变化。

森林生态系统主要分布在湿润或较湿润的地区，其主要特点是动物种类繁多，群落的结构复杂，种群的密度和群落的结构能够长期处于稳定的状态。

森林中的植物以乔木为主，也有少量灌木和草本植物。森林中还有种类繁多的动物。森林中的动物由于容易找到丰富的食物和栖息场所，因而种类特别多，如犀鸟、避役、树蛙、松鼠、貂、蜂猴、眼镜猴和长臂猿等。

森林不仅能够为人类提供大量的木材和林副业产品，而且在维持生物圈的稳定、改善生态环境等方面起着重要的作用。例如，森林植物通过光合作用，每天都消耗大量的二氧化碳，释放出大量的氧，这对于维持大气中二氧化碳和氧含量的平衡具有重要意义。又如，在降雨时，乔木层、灌木层和草本植物层都能够截留一部分雨水，大大减缓雨水对地面的冲刷，最大限度地减少地表径流。枯枝落叶层就像一层厚厚的海绵，能够大量地吸收和贮存雨水。因此，森林在涵养水源、保持水土方面起着重要作用。

森林生态系统的格局与过程

生态系统是典型的复杂系统，森林生态系统更是一个复杂而巨大的系统。森林生态系统具有丰富的物种多样性，结构多样性，食物链、食物网以及功能过程多样性等，形成了分化、分层、分支和交汇的复杂的网络特征。认识和揭示复杂的森林生态系统的自组性、稳定性、动态演替与演化、生物多样性的发生与维持机制、多功能协调机制以及森林生态系统的经营管理与调控，需要以对生态过程、机制及其与格局的关系的深入研究为基础。其中，生态系统的格局和过程一直是学者们研究的重点，是了解森林生态系统这一复杂的、巨大的系统的根本，不仅需要长期的实验生态学方法，更需要借助科学的理论与方法。

森林生态系统的组成与结构的多样性及其变化，涉及从个体、种群、群落、生态系统、景观、区域等不同的时空尺度，其中交织着相当复杂的生态学过程。在不同的时间和空间尺度上的格局与过程不同，即在单一尺度上的观测结果只能反映该观测尺度上的格局与过程，定义具体的生态系统应该依赖于时空尺度及相对应的过程速率，在一个尺度上得到的结果，应用于另一个尺度上时，往往是不合适的。森林资源与环境的保护、管理与可持续经营问题主要发生在中、大尺度上，因此必须遵循格局－过程－尺度的理论模式，将以往比较熟知的小尺度格局与过程和所要研究的中、大尺度的格局与过程建立联系，实现不同时空尺度的信息推绎与转换。因此，进入20世纪90年代以来，生态学研究已从面向结构、功能和生物生产力转变到更加注重过程、格局和尺度的相关性。

生态格局

物种多样性的空间分布格局是物种多样性的自然属性，主要分两大类：一是自然界中的基本且具体的形式，如面积、纬度和栖息地等；另一类是特殊抽象的形式，如干扰、生产率、活跃地点等。面积对物种多样性的影响显而易见。"假如样地面积更大，就会发现更多的物种"这一假说已经得到广泛的证实。

不同生物类群在森林中的分布格局，如树木、灌木及草本植物等的分布，都会影响到系统的生物及非生物过程。种群分布格局是系统水平格局研究的经典内容。相对于种群而言，其他方面的研究如不同种群或不同生物类群间分布格局的相互关系及其影响等，研究尚少。

环境因子在大的尺度上随纬度、海拔、地形、地貌等会有很大差异。大尺度的环境要素控制森林的区域分布，形成了区域性的森林植被类型；中、小尺度的环境变化影响森林结构，进一步影响系统中物种的分布格局。大尺度环境要素与森林分布格局的关系是经典的生态学研究内容，研究工作也非常深泛。而微生境的格局，近年来也受到关注，特别是林隙、边缘效应等研究的深入，使森林中微生境的差异及格局方面的研究向微观方向发展。事实上，森林内部微环境的差异对系统生态过程的影响是不容忽视的。

生态过程

碳循环过程

碳是构成有机体的主要元素。碳以二氧化碳的形式储存在大气中，绿色植物从空气中吸收二氧化碳，通过光合作用，把二氧化碳和水转变成简单的糖，并放出氧，供消费者（各种动物）需要。当消费者呼吸时释放出二氧化碳，又被植物所利用。这是碳循环的一个方面。

第二个方面，随着一些有机体的死亡和被微生物所分解，有机体内的蛋白质、碳水化合物和脂肪也被破坏，最后它们被氧化变成二氧化碳和水及其他无机盐类，二氧化碳又被植物吸收、利用，参加生态系统再循环。

第三个方面，人类燃烧煤、石油、天然气等化石燃料（是生物有机体残体埋藏在地层中形成的），增加了空气中的二氧化碳成分。

第四个方面，碳酸岩石从空气中吸收部分二氧化碳，溶解在水中的碳酸氢盐被径流带到江河，最后也归入海洋，海中的碳酸氢钙在一定条件下转变成碳酸钙沉积于海底，形成新的岩石，形成碳循环。此外，火山爆发等自然现象，使部分二氧化碳回到大气层，参加生态系统的循环和再循环。

森林与二氧化碳的循环关系密切。二氧化碳是植物光合作用的主要原料，是植物生长的主要物质基础，果品、淀粉、油脂等产量的5%～10%是来自土壤矿物质；90%～95%是在光合作用中形成的，其中最主要的来源是空气中的二氧化碳。在光合作用中，植物利用光能把二氧化碳和水改造成糖和淀粉。早期，人们并不知道植物从空气中吸取二氧化碳。二氧化碳在空气中还达不到万分之三，它通过以上四个循环，特别是由植物通过光合作用，把它从空气中取回，重新造成有益的天然产物。如果用放射性元素去示踪化学元素在植物体中的行动，可以得到以下化学方程式：

绿色的呼唤
——从森林看环境与气候

$$CO_2 + H_2O \xrightarrow[\text{叶绿体}]{\text{光}} C(H_2O)_y + O_2$$

二氧化碳　　水　　　　碳水化合物　　氧气

森林对二氧化碳的循环是通过光合作用进行的。从上面化学方程式可以看出，森林吸收二氧化碳，经过阳光照射在植物叶绿体内进行光合作用，生成氧和碳水化合物，这种功能能有效调节空气的成分。

高浓度的二氧化碳是一种大气污染物质。

近年来，地球上的二氧化碳不断增加。由于石油、煤炭、天然气等广泛利用，排出的二氧化碳废气越来越多，同时世界上大片森林植被被砍伐，大面积草原被开垦，以致绿色植物吸收二氧化碳的量大大减少。特别是随着大城市中二氧化碳排出量的增加，全球的二氧化碳量有了显著的增加。一个400万人口的城市，不用说煤炭、石油、天然气的燃烧排放出二氧化碳，只人们一天的呼吸就产生300多万千克二氧化碳。在工业发达国家，工业畸形发展，人口高度集中，使城市和工矿区二氧化碳浓度越来越高。据统计，美国国土上全部植物释放出的氧气，只是美国石油燃烧需氧量的60%，另外40%主要靠大气环流从海洋送来。日本、俄罗斯、法国、德国也大致如此。

诚然，海水中的二氧化碳比大气圈中高60多倍，大约有1×10^{11}吨的二氧化碳在大气圈和海洋之间不断进行循环和交换。但是由于海洋中的污染，在一定范围内影响了大气同海水的交换作用。

由于以上种种原因，造成空气中的二氧化碳含量不断上升。

二氧化碳上升引起了低层大气的温度升高。因为二氧化碳对可见光几乎是完全可以透过的，但在红外光谱中13～17微米范围内，二氧化碳具有强烈的太阳光吸收谱线，它能透过太阳辐射，但难于透过反射的红外线辐射（热量），加之二氧化碳的比重较大，多下沉于近地面的气层中，因而使低层大气的温度升高。据统计，在近百年来，由于人类大量燃烧化石燃料，大气圈中二氧化碳的百分比在局部地区发生了变化，由0.027%（按体积）增加到0.032%。而近年中平均每年在原基础上增加0.2%。

近年，大气圈中的二氧化碳数量迅猛的增加，引起全球性温度的增高。温度增加3℃时可引起局部地区变暖，增加4℃～5℃以上，甚至会引起南北两极冰盖的融化。另一方面，大气中粉尘也不断增加，在一定程度上减少太阳辐射强度，会使气温下降，这样就有可能抵消因二氧化碳增加而引起的温度的变化。

由于二氧化碳的增加，在大城市上空二氧化碳有时可达空气的0.05%～0.07%，局部地区甚至可达0.2%。二氧化碳在浓度较低时是无毒气体，但是，当它在空气中的浓度超过一定限度时，人会感到呼吸不适，浓度过大时甚至能致人死亡。

地球开始形成时的大气状态与现在完全不同。当时大气中二氧化碳的含量约达91%，几乎没有氧气，所以没有生命。只是到了始生代末期，出现了能够进行光合作用的绿色植物，氧和二氧化碳的比例才发生了变化。大气中的氧气，是亿万年来植物生命活动所积累的。据估计，地球上60%以上的氧来自陆地上的植物，特别是森林。这一变化充分说明了森林对大气形成的作用。

植物吸收二氧化碳的能力很强，植物叶子形成1克葡萄糖需要消耗2500升空气中所含的二氧化碳。而形成1千克葡萄糖，就必须吸收250万升空气所含的二氧化碳。在进行光合作用时，每平方厘米的梓树叶面，每小时能吸收0.07立方厘米的二氧化碳。世界上的森林是二氧化碳的主要消耗者。通常1公顷阔叶林，在生长季节，一天可以消耗1吨二氧化碳，放出0.73吨氧。如果以成年人每天呼吸需要0.75千克氧、排出0.9千克二氧化碳计算，则每人有10平方米的森林，就可以消耗掉因呼吸排出的二氧化碳，并供给需要的氧。

生长茂盛的草坪，在光合作用过程中，每平方米上1小时可吸收1.5克二氧化碳，按每人每小时呼出的二氧化碳约为38克计算，只要有25平方米的草坪，就可把一个人白天呼出的二氧化碳吸收掉，加上夜间植物呼吸作用所增加的二氧化碳，则每人有50平方米的草坪面积，即可保持整个大气含氧量的平衡。

养分循环过程

在生态系统中,养分的数量并非是固定不变的,因为生态系统在不断地获得养分,同时也在不断地输出养分。森林生态系统的养分在系统内部和系统之间不断进行着交换。每年都有一定的养分随降雨、降雪和灰尘进入到生态系统中。森林中的大量叶片有助于养分的吸取。活的植物体能够产生酸,而死的植物体的分解过程中也能产生酸,这些酸性物质能溶解土壤的小石子以及下层的岩石。当岩石被溶化时,各种各样的养分得到了释放并有可能被植物吸收。这些酸性物质在土壤的形成过程中起到了关键的作用。山体上坡的雨水通过土壤渗漏而下也可以为下坡的生态系统带来养分。多种微生物依靠自身或与固氮植物结合可获取空气中的游离氮,并把它转化成有机氮为植物所利用。

一般来说,在一个充满活力的森林生态系统中,地球化学物质的输出量小于输入量,生态系统随时间而积聚养分。当生态系统受到火灾、虫害、病害、风灾或采伐活动等干扰后,其形势发生了逆向变化,地球化学物质的输出量大大超过了其输入量,减少了生态系统内的养分积累,但这种情况往往只能持续一两年,因为受到干扰后,再生植被可重建生态系统保存和积累养分的能力。当然,如果再生植被的生长受到抑制,那么养分丢失的时间将延长,数量将增加。如果森林在足够长的时间内未受干扰,使得树木、小型植物及土壤中的有机物质停止了积累,养分贮存也随之结束,那么此时地球化学物质的输入量与输出量就达到了一个平衡。在老龄林中,不存在有机物质的净积累,因此它与幼龄林及生长旺盛的森林相比贮存的地球化学物质要少。地球化学物质的输出与输入平衡在维持生态系统长期持续稳定方面起到了很重要的作用。

水文过程

森林水文学,包括森林植被对水量和水分循环的影响及其环境效应,以及对土壤侵蚀、水质和小气候的影响。

森林能否增加降水量,是森林水文学领域长期争论的焦点问题之一。迄今为止，关于森林与降水量的关系存在着截然相反的观点和结果。一种观点认为森林对垂直降水无明显影响，而另一种观点认为森林可以增加降水量。森林植被对流域产水量的影响，也存在着同样的争论。这些争议的存在引起了对森林植被特征与水文关系机制研究的重视。国内外已有较多的冠层水文影响研究。森林地被物的水文作用正逐渐得到重视，除拦截降水和消除侵蚀动能外，还能增加糙率、阻延流速、减少径流与冲刷量。

蒸散一般是森林生态系统的最大水分支出，森林蒸发散受树种、林龄、海拔、降水量等生物和非生物因子的共同作用。随纬度降低，降水量增加，森林的实际蒸散值呈现略有增加的趋势，但相对蒸散率（蒸发散占同期降水量之比）随降水量的增加而减少，其变化在40%~90%之间。

森林对水质的影响主要包括两个方面：一是森林本身对天然降水中某些化学成分的吸收和溶滤作用，使天然降水中化学成分的组成和含量发生变化；二是森林变化对河流水质的影响。20世纪70~80年代，酸雨成为影响河流水质和森林生态系统健康的主要环境问题。为了定量评价大气污染对森林生态系统物质循环的影响，森林水质研究受到了广泛的重视。随着点源和非点源污染引起水质退化成为影响社会经济可持续发展的重大环境问题，建立不同时间和空间尺度上化学物质运动的模拟模型，成为当前评价森林水质影响研究的主要任务。

能量过程

能量流动是生态系统的主要功能之一。能量在系统中具有转化、做功、消耗等动态规律，其流动主要通过两个途径实现：其一是光合作用和有机成分的输入；其二是呼吸的热消耗和有机物的输出。在生态系统中，没有能量流动就没有生命，就没有生态系统；能量是生态系统的动力，是一切生命活动的基础。

生态系统最初的能量来源于太阳，绿色植物通过光合作用吸收和固定太阳能，将太阳能转变为化学能，一方面满足自身生命活动的需要，另一方面供给异养生物生命活动的需要。太阳能进入生态系统，并作为化学能，沿着生态系统中生产者、消费者、分解者流动，这种生物与生物间、生物与环境间能量传递和转换的过程，称为生态系统的能量流动。

生态系统中能量流动特征，可归纳为两个方面：一是能量流动沿生产者和各级消费者顺序逐步被减少；二是能量流动是单一方向的，不可逆的。能量在流动过程中，一部分用于维持新陈代谢活动而被消耗，一部分在呼吸中以热的形式散发到环境中，只有一小部分做功，用于形成新组织或作为潜能贮存。由此可见，在生态系统中能量传递效率是较低的，能量愈流愈细。一般来说，能量沿绿色植物向草食动物再向肉食动物逐级流动，通常后者获得的能量大约只为前者所含能量的10%，故称为"十分之一定律"。这种能量的逐级递减是生态系统中能量流动的一个显著特点。

目前森林能量过程的研究多以干物质量作为指标，这对深入了解生态系统的功能、生态效率等具有一定的局限性。研究生态系统中的能量过程最好是测定组成群落主要种类的热值或者是构成群落各成分的热值。能量值的测定比干物质测定能更好地评价物质在生态系统内各组分间转移过程中质和量的变化规律。同时，热值测定对计算生态系统中的生态效率是必需的。

能量现存量指单位时间内群落所积累的总能量。包括生态系统中活植物体与死植物体的总能量，是根据系统各组分样品的热值和对应的生物量或枯死量所推算的。由于能量贮量与生物量正相关，生物量大，能量现存量也愈大。生物量主要取决于年生产量和生物量净增量，乔木层不但干物质生产量较大，而且每年绝大部分生产量用于自身生物量的净增长，年凋落物量很小，其现存量较大。下木层和草本层年生产量小，特别是林冠层郁闭度过大的林分，加之大部分能量以枯落物形式存在，其现存量较低。对于整个生态系统，要获得最大的能量积累，必须合理调配乔木、灌木、草本植物的空间结构，提高系统对能量的吸收和固定。

生物过程

在森林生态系统中，生物占有重要地位。森林生物多样性形成机制与古植物区系的形成与演变、地球变迁与古环境演化有密切关系。现代生境条件包括地形、地貌、坡向和海拔高度所引起的水、热、养分资源与环境梯度变化对森林群落多样性的景观结构与格局产生影响，从而形成异质性的森林群落空间格局与物种多样性变化。自然和人为干扰体系与森林植物生活特性相互作用是热带森林多物种长期共存、森林生物多样性维持及森林动态稳定的重要机制。

森林采伐一般对生物多样性产生影响。森林采伐后树种多样性随不同时空尺度的变化及其生态保护的意义目前国际上存在争议。人类活动引起的全球环境变化正在导致全球生物多样性以空前的速度产生巨大的变化，而且生物多样性的变化被认为是全球变化的一个重要方面。在全球尺度上影响生物多样性的主要因素包括土地利用变化、大气二氧化碳浓度变化、氮沉降、酸雨、气候变化和生物交换（有意或无意地向生态系统引入外来动植物种）。对于陆地生态系统而言，土地利用变化可能对生物多样性产生最大的影响，其次是气候变化、氮沉降、生物交换和大气二氧化碳浓度增加。其中，热带森林区和南部的温带森林区生物多样性将产生较大的变化；而北方的温带森林区由于已经经历了较大的土地利用变化，所以其生物多样性产生的变化不大。

森林生态系统的物质循环

森林生态系统的物质循环既涉及森林生态系统与外部相邻生态系统之间营养物质输入、输出的变化，又涉及森林生态系统内部营养物质的循环。森林生态系统内部营养物质的循环是指植物营养元素在森林群落和土壤之间往复变迁的过程，是由于生物能的驱动，物质循环发生了质的变化，使营养元素在生物有机体与环境之间反复循环。对森林生态系统物流分析着重于物流的方式和在各种生物有机体中运转速度测定，特别着重组织中营养元素的分析，并与生物量、净生产量的测定相结合，同时必须测定降雨带入土壤中的养分流动，以及生产者、消费者和分解者各营养级与土壤养分的输入和输出。

森林生态系统的养分在生物有机体内各不相同。森林与土壤间的循环可将大部分硝酸盐和磷酸盐集中于树木之中，而大部分钙集中于土壤中。土壤中的养分则主要依赖于枯枝落叶腐烂和根系吸收之间的周转，森林与土壤间矿质营养元素的循环是迅速且近乎封闭的。

森林生态系统内营养元素的周期循环由三个环节组成。

第一环节：吸收。这主要指植物根系对各种化学元素的吸收，其量的多少称为吸收量。

第二环节：营养归还。这通过落到地面的枯枝落叶（包括树叶、树皮、果实、种子、树枝、花、倒木、草本植物、地衣、苔藓、动物的排泄物及残体等）、冲洗植物群落的雨水（包括下渗水和地表水）、根系分泌物等，使一部分营养元素归还到土壤中去。

凋落物的腐烂是养分归还土壤最重要方式之一。土壤中的养分主要依赖于枯枝落叶等有机物质的腐烂和根系吸收之间的周转，因此植物与土壤之间的养分循环是快速的，土壤中的养分数量也直接受植物养分周转率的影响。凋落物的分解速度和养分的释放速度变化是很大的。针叶林较阔叶林和热带雨林分解困难；因分解速率与温度和湿度关系密切，所以在寒冷气候下凋落物分解比热带气候下要缓慢得多。

淋溶作用（雨水从植物体表面淋溶下来带到土壤中的养分数量）对养分的归还起很大的作用。但对不同的元素，作用是不同的。对钠和钾而言，由叶子和树皮淋洗而进入土壤的量比落叶归还的量还要大；氮则相反，因为流经植物体表的氮会被树皮和叶片的地衣、藻类、细菌所吸收。

降雨对生态系统内物质循环有阻碍作用。在降水量充沛的地区，雨水对土壤不断淋洗会导致养分的淋失，从而阻碍循环的进行，因雨水将土壤中大量的营养物质带到地下水、河流和大海，淋洗越严重，土壤中胶体物质的损失也越大，如热带地区。而在温带地区，淋洗的后果不及热带严重，大部分矿质元素仍能保留在较厚的腐殖质层内。但是这种情况会使物质循环速率减慢。

第三环节：营养存留。有些营养物质则保留在植物多年生器官中，主要体现在生物量（或木质器官）的年增量。

植物吸收营养元素的数量与生物群落的需要量大致相符合，因此吸收的元素就等于存留在植物器官中的元素与归还于土壤中的元素之和，即：

吸收量＝存留量＋归还量

在森林生态系统中，由于乔木层生物量的比例较大，所以往往过高估计了乔木层在生态系统内物质循环过程中的作用。理论上讲森林群落的上层乔木、林下植被、附生植物都参与了森林生态系统的养分循环。据研究，林下植被（更新幼树、灌、草、蕨类、苔藓）尽管生物量所占比例小，但养分含量较高，所以对养分循环的作用很大。

据研究，木本植物根系吸收养分的方式有两种：其一是具菌根或无菌根的根系从土壤溶液中吸收养分；其二是由菌根从凋落物或正在分解的有机物质中获取养分，后一种吸收养分的优点是不经过从土壤溶液中吸收养分的过程，防止养分被淋失及非菌根微生物吸收，因而生物循环更加趋于封闭。这就解释了为什么在热带地区土壤相对贫瘠却生长发育出群落结构极其复杂，生产力极高的热带雨林生态系统。从另一个角度研究同样说明热带雨林生长分布的生态合理性。"成熟"的热带雨林在植物体内储存的营养元素数量非常庞大，它们所利用的营养元素主要来自枯枝落叶，每年有 10%～20% 的生物量会枯死脱落，归还到土壤，并快速分解。

由于森林（未受干扰的天然林）生态系统内养分的生物循环，来自地质水文气象和生物的输入在森林生态系统内得到有效的积累和保存。凋落物形成的森林死地被物层可增强养分的保存能力，菌根和真菌是提供养分吸收和保存的生物途径，尤其是土壤表面和表层细根分布集中，能有效吸收穿透林冠淋失的养分和凋落物分解释放的养分，而且森林溪流里养分浓度极低，由此可说明森林生态系统向外输出的养分极少。自然界生长在贫瘠土壤上的植物一般都有贮存养分的对策，表现的特征为叶片常绿不落、叶面有抗淋失的角质层，可分泌有毒物质防止虫害和动物啃食，种子丰年具有一定的间隔期等。

森林保持养分的生态效应可由研究输入生态系统的水分、穿过森林不同层次及输出水所含的化学元素含量加以说明。由于森林生态系统内生物循环，养分积累在林地地表，加之森林植物根系的吸收特点，养分趋于封闭。破坏森林特别是破坏热带雨林，会使森林植被经漫长时期发育的土壤和积累的养分丧失（过度输出），森林生态系统则可能退化到短期无法恢复的状态。

第三章　森林的生长和发育

森林的生长和发育

森林的生长和发育是森林生命过程的两个方面。森林的生长是指林木个体体积的增长所引起的森林生物量的不断增加；而森林的发育则是从森林更新起，经过幼壮龄达到成熟龄，直到衰老死亡的整个生命周期。所以森林生长是森林的量变过程。在此量变的基础上促进了森林发育，引起森林的质变。

森林的生长和发育受树种本身的特性、环境条件和人为经营措施等因素的影响。在最适宜的情况下，森林的生长和发育可能延续很长，衰老和死亡来得较晚。

森林的生长

森林的生长是由树木个体生长组成的，个体生长包括树木的根系生长、树高生长和直径生长等方面。

树木根系的生长主要依靠根尖的生长点的细胞不断分裂伸长

生长中的树木

来进行。在一年中，一般地下部分的根系在春季的生长开始时间比地上部分的早，并且很快达到第一次迅速生长期。当地上部分的根系生长旺盛时，地下部分的根系生长趋缓，而到秋天地上部分的根系生长停止时，地下部分的根系出现第二次迅速生长期，一般在10月份以后才缓慢下来。地下部分的林木根系在发育幼期，生长很快，一般超过地上部分的生长速度，但随着树龄的增加，地下部分和地上部分的根系的生长速度都渐趋缓慢。

林木的高生长是由主枝生长点分生组织活动来实现的。在幼龄期根系迅速发育而高生长量较小，之后随着树龄的增长，高生长逐渐加速，但到一定时候，又慢下来，直到停止高生长。高生长在一年中的生长是从顶芽膨大开始到生长停止，形成新的顶芽为止。有时由于雨量充沛的原因，有些树种在一年中可以达到二次高生长高峰。高生长是林木生长快慢的标志之一，由此可以将树木分为速生树种和慢生树种。

树木的直径生长是由形成层分生组织的活动来实现的。在幼年时生长较缓慢，随着树龄的增加不断加速，最大的直径年生长量一般出现在最大树高年生长量以后或同时，并保持一定年份，以后再逐渐减慢。大多数树种在一年中叶片展开以后不久，树木的直径就开始生长，直径生长最快的时期在夏季和秋季。森林的高生长和直径生长通常用全部林木的平均高生长和直径生长来体现，其一般生长过程与单株树木相似。但是森林的材积生长与单株树木的材积生长不同，单株树木的材积生长通常是不断增长的，而森林的材积生长却要受枯死木耗损材积的影响。在森林生长发育的各个时期中，一年内活树木所增加的材积和当年死亡树木的材积之间的比是不相同的。在林分生长到达一定年龄以前，每年由活树木增加的材积比由树木死亡所损失的材积要多得多，但到林分生长后期，常常要出现林分蓄积量减少的现象，即负生长，这是由于林木枯死量大于林木生长量所造成的。

森林的发育

森林从发生到衰老的整个发育周期，要经过几个不同的阶段，每个阶段都有不同的特点，了解这些特点，对于森林经营有重要意义。一般按照年龄阶段，将森林的发育过程划分为如下几个时期。

幼龄林时期：幼龄林为最幼小的林分，是森林生长发育的幼年阶段，通常指一龄级的林分。这一时期林木开始生长较慢，郁闭后迅速加快。天然林中常混生杂灌木较多，影响林木生长，是森林最不稳定的时期。无论是天然林或人工的幼龄林，都要加强抚育管护工作。

幼龄林

壮龄林时期：这一时期中林木的叶量较多，其高生长较迅速，直径生长较慢，开花结实较少，林木与生长空间的矛盾比较尖锐，树木间的竞争比较剧烈，天然整枝、林木分化和自然稀疏都很强烈，及时进行抚育间伐是这一时期的重要经营措施。

中龄林时期：林木的高生长逐渐得到稳定，直径生长显著加快，结实量渐多，对光的需求量增大，但林分已比较稳定，定期进行抚育间伐是本时期的主要经营措施。

近熟林时期：是指生长速度下降，接近成熟、可利用的森林。此时林木大量开花结实，林冠中出现的空隙显著增多，林内更新幼树的数量逐渐增加。为了培育大径材应进行强度较大的间伐。

成熟林时期：是指林木已完全成熟，可以采伐利用的森林。此时林木生长甚为缓慢，高生长极不明显，林木大量地开花结实，林下天然更新幼树逐渐增多，本时期应及时采伐更新。

过熟林时期：林木衰老，高生长几乎停顿，病腐木、风倒木大量增加，自然枯损量逐渐增多。林木蓄积量随树龄的增长而下降，防护作用有所减弱，应迅速采伐更新。

森林的更新

森林是一个可以再生的资源，繁殖能力很强，而且方式多种多样，可以通过自然繁殖进行天然更新，也可以通过人工造林人工更新。森林只要不受人为或自然灾害的破坏，就能够在林下和林缘不断生长幼龄林木，形成下一代新林。在合理采伐的森林迹地和宜林荒山荒地上，通过人工播种造林或植苗造林，也可以使原有森林恢复，生长成新的森林。

人工更新：是以人工播种或植苗的方法恢复森林。人工更新不但可以迅速地完成更新任务，而且在林木组成、密度、结构等方面能够人为地合理安排，保证更新的质量。人工更新的林木比天然更新的林木生长快。因此，虽然人工更新花费的人力和物力较天然更新多，但是为了迅速恢复和扩大森林资源，提高森林生长量和质量，应该积极提供人工更新。但是天然更新效果较好的地方，应尽量发挥天然更新的优势。

天然更新：利用林木的天然下种、伐根萌芽、根系萌蘖来恢复森林。天然更新按其进行的时间，又可分为伐前更新和伐后更新两种，即有的森林在采伐前完成更新，而有的需在采伐之后进行更新。天然更新能充分利用自然条件，节约劳动力和资金，但由于受到自然条件的种种限制，往往不能迅速完成更新任务。同时，在天然更新的条件下，不但幼林生长慢，而且形成的森林时常疏密不均，组成也不一定合乎人们的要求，这是天然更新的缺点。

人工促进天然更新。为了弥补天然更新的不足，可采取某些人工措施促进天然更新的完成。这些措施包括松土、除草、补植和补播等，与采伐相结合的措施主要是保留母树、保护幼树和清理伐区等。

森林的更新有的是用种子繁殖来完成，称为有性更新。有的可以用林木的营养器官的再生能力来完成，称为无性更新。大多数的针叶树只能用有性更新，而多数阔叶树既可以用有性更新又可以用无性更新。

有性更新：决定于林木结实和种子的传播、种子的发芽、幼苗和幼树生长发育等几个过程。一般来说，幼林郁闭后更新过程就基本结束了。

林木结实的品质的好坏，对于有性更新是一个十分关键的物质条件。除了遗传因素的好坏外，林木的结实情况一般与林木的发育状况、林分的结构特征、气候和土壤条件有密切的关系。通常林木开始结实以后，随着年龄的增长，结实量逐渐增加，当达到林木成熟龄时，结实量最多，种子品质也最为优良。林木结实量丰富的时期持续很长，一直延续到衰老时，结实量仍然较多，但品质下降。

林木种子传播的动力有风、水、昆虫、鸟兽和自身的重力。小而轻又具有茸毛或带翅的种子。通常可借风力进行传播。如杨树、柳树的种子。山坡上的种子可借雨水、雪水来传播，溪流可以把谷地树木的种子带走，海水可将红树母树上由种子萌发所形成的棒状胚轴带走。鸟兽类是多种种子的传播者，大粒和小粒的种子都可以依靠鸟类传播到很远的地方。有些大而重的种子，脱落以后，大部分落在树冠周围，在坡地上它们可以依靠自身的重力，沿斜坡下滚，散布到较远的地方。种子落到地面之后，遇到适宜的条件即开始发芽，而后不断生长成幼苗、幼树，直到林分郁闭完成有性更新过程。

无性更新：在天然的条件下，无性更新的方式有两种：一种是萌芽更新，另一种是根蘖更新。因为无性更新的程序简单，成本较低，收益较快，可以充分利用原有条件和自然力来恢复森林资源，所以在种苗缺少而又迫切需要恢复森林的地方，显得更为重要。

萌芽更新：在森林采伐后，利用采伐迹地上伐根的休眠芽或不定芽萌发出的萌条，生长发育而形成森林的过程称为萌芽更新。在森林采伐以后，由于光照的刺激及根部从土壤中吸收的大量水分，休眠芽能打破休眠状态而萌发、生长，同时也能促进不定芽的形成。

萌芽更新的成败，取决于树种的萌芽力、采伐季节、伐根高度和环境条件。各种树所具有的萌芽更新能力是不同的。在有萌芽能力的树种中，萌芽能力的强弱与年龄和立地条件有密切的关系。按萌芽能力强弱，可将常见的树种分为三类：即萌芽力强的树种，如杉木、柳杉、栎类等；萌芽力弱的树种如水青冈、山杨等；没有萌芽力的树种，包括绝大多数的针叶树。

在树种年龄相同的情况下，萌芽力具有以下规律：①萌芽力同母株被伐前的生长速度成相反关系。即母株被伐前生长愈慢，被伐后萌芽力愈强，萌芽力消失也晚。②环境条件愈好，休眠芽发育越受抑制；环境条件愈差，愈有利于休眠芽的发育。

采伐季节对萌芽条的形成有很大的影响。在冬季进行采伐，可以使伐根在来年春季萌发较多的萌芽条，生长的时间也长，发育健壮，木质化良好，不易受冻害。如果在春、夏季采伐，则萌条较少，生长期短，在秋霜来临之前未能木质化，容易受冻害，故很难形成森林。

伐根高度也影响萌芽条的数量、品质和生活力。伐根低，萌芽条在根颈处萌发，萌芽条不但较多，生活力也好，且能逐渐与土壤接触形成新的根系。萌芽更新还应做许多管理工作，当多数萌芽条长成以后，应稀疏丛状生长的萌芽条，一般每个伐根留1~3株生长健壮的萌条，使其发育成林。一般应选留上坡部位的健壮苗，容易接触土壤生根。

萌芽更新对于培育水曲柳、杉木、栎类等有很重要的意义。杉木的伐根萌条，生长迅速，20年以后就可以采伐利用，而且还可以连续进行2~3次。

根蘖更新：是利用树木根上不定芽生长的根蘖苗而形成幼林的过程。山杨、泡桐、臭椿、刺槐等树都有较强的根蘖的能力。

根蘖主要是在采伐后发生的，但在生长着的树木上，特别是在生长衰弱和根系受伤的树木上也能形成。根蘖主要产生于近表土的细根上。挖伐根或开沟辅助根蘖更新的工作宜在春季进行，生长出的根蘖苗经历一个生长季后，至秋天能够充分木质化，能抵抗霜冻等的危害。

竹林的萌芽更新：竹类是依靠地下茎（竹鞭）节上的芽萌发进行无性更新的。

按照竹类地下茎蔓延的特征和地面上竹秆分布的情况可以分为：散生茎竹、单丛茎竹和侧出丛茎竹三类，所以它们的更新又有所区别。毛竹等散生茎竹的更新，地下茎蔓延在 0.1～0.4 米的土层中，成波浪起伏前进，地下茎的芽，有一部分形成竹笋再发育成竹，有一部分便往长发展成为新竹鞭，大部分芽呈休眠状态。毛竹林地下部分的生长与地上部分的生长常有周期的交替现象，一年发笋、长竹很旺盛，次年则大量地生长竹鞭和形成笋芽。因此毛竹的出笋情况会出现大小年现象。

孝顺竹、麻竹等单丛茎竹的更新，它们的地下茎密集一处，不向他处延伸。母竹的秆基沿分枝方向的两侧互生笋芽，秆基上部芽首先膨大发育，紧贴母秆出笋，长新竹；下端的笋芽待上部笋芽发育成长以后，再相继发育膨大，形成密集的竹丛；第二年新竹秆基部的笋芽又围绕新竹两侧再发出竹笋。

有性更新与无性更新所形成的森林，在生物学特性上还有很大的差异。萌芽林在幼龄时期生长比实生林要快得多，但最后停止生长的时期来得也早，有性更新的实生林在幼小时生长虽缓，但在树冠形成以后，生长速度常常赶上或超过萌芽林，而且持续生长的时期和寿命也较长。实生林的木材结构均匀正常，力学性质好，可以培育成大径材；萌芽林木的木材中心部分较疏松，年轮宽窄不均，有偏心现象，影响木材力学性质，而且树干基部往往弯曲，因此一般只能培养成小径材。另外，萌芽更新的林木发生心腐病的概率比实生林要高得多。

第四章　森林与气候变化

森林对气候的调节作用

工业的快速发展以及人类的活动，造成的负面影响之一就是大气中各种温室气体浓度迅速增长，森林被大面积砍伐，与此相对应的是全球地面温度和气温持续增长。同时，伴随着辐射、降水等气候因子的变化，光照、热量、水分等气候条件直接影响森林生产力的时空分布格局。各种类型森林的地理分布及森林生态系统的结构和功能也与气候条件密切相关。因此充分认识森林与全球气候变化的相互作用，对于促进森林生态系统的良性循环进而保护人类生存环境具有现实意义。

森林与气候是一种相互依存的关系。一方面，森林作为一种植物群落，要求有适宜的环境条件，其中光照、热量、水分等条件直接影响着各种森林的地理分布范围和生产力时空分布格局，气候的冷暖、干湿变化又直接或间接影响森林生态系统的结构和功能，因此如果气候发生变化，森林生态系统必将受到影响；另一方面，森林本身可以形成特殊的小气候，由于森林改变了下垫面的反射率和热特性，使森林气候与海洋气候类似，气温变化和缓，森林和邻近地区较湿润。一般森林的反射率仅约有土壤的1/2，穿过大气到达地球表面的太阳辐射，被约占陆地面积30%的森林层层吸收，然后通过长波辐射、潜热释放及感热输送的形式传输给大气，因此可以认为森林是气候系统的热量储存库之一。森林影响降水，因此森林被破坏不仅会减少对太阳辐射的吸收，同时还会影响水分循环，大范围的森林变化甚至可能影响全球的热量平衡和水分平衡。作为全球气候系统的组成部分之一，森林使得区域气候趋于稳定，进而对全球气候起到稳定器的作用。总之，森林面积急剧减小，会对气候产生一系列影响。森林生态系统的变化也是研究气候变化不可忽视的一个因素。

我们知道，包围在地球外部的一层气体被总称为大气或大气圈。大气圈以地球的水陆表面为其下界，称为大气层的下垫面。它包括地形、地质、土壤和植被等，是影响气候的重要因素之一。下垫面是空气中热量和水分的直接和主要来源，因此下垫面的性质、状态、热特性是制约气候形成和变化的重要因子之一。地球上森林面积约占陆地面积的30%，是陆地生态系统中最大的一个生态系统，森林作为一种重要的下垫面，是影响气候的因子之一，它的增长和消失，影响着气候的稳定。

森林中的空气

我们都有这种感觉，房间内人多了，有点气闷，打开门窗让空气流通一下，就会感到舒适。一天工作之余，到公园中游玩一番，到郊区散散步，呼吸些新鲜空气，会觉得精神振奋。这种事情很平常，可是大部分人都没有想过为什么会如此。

近地面的干洁空气，按容积计算，包含氮78%，氧21%，氩和其他气体如二氧化碳等，约占1%。如果把水汽计算在内，在温带地区，空气中的氮约占77%，氧约占21%，氩及二氧化碳等约占1%，水汽约占1%。这些都是组成空气的物质，它们的百分比，除了二氧化碳、水汽和微尘外，是很少变动的。

二氧化碳对动物是无益的，吸入量大了还会中毒。水汽的多寡，直接影响空气的潮湿与干燥。微尘多了，会使空气混浊。

因此所谓空气新鲜与否，决定于这三者的变化。

这三者，在空气中所占的百分比虽然很小，变动却非常大。

空气中的二氧化碳，在正常情况下，含量在 0.028%～0.03%；可是最多时能达到 0.06%。变动量达一倍之多。

在湿热的地方，蒸发力强，水汽来源充足，空气就很潮湿。在通风不畅的地方，空气中的水汽不易发散，水汽在空气中所占的百分比就较大。冬季严寒的地方，蒸发力弱，空气中的水汽含量极少。这样，就使得水汽在空气中的含量在 0.01%～4% 之间变动。变动量达到 400 倍之多。

微尘的变化就更大了。根据统计，吸一口烟就要喷出 40 亿粒微尘到空气中去。这数目大得出乎人的意料。

打开门窗会觉得空气流通，到公园中或郊区去就觉得空气新鲜。这是因为房间内空气流通性较差，新鲜的空气不易进来，房间内人呼出来的二氧化碳不容易外排的缘故。公园中或郊区空气比较干净，有充足的氧，当然就新鲜些。

我们知道，地球上近地面的空气层，各成分的百分比变动很少。可是在个别的地区，因为条件不同，情况是不一致的。在森林地区，最为特殊。

人类和其他动物吸进空气中的氧，吐出二氧化碳。植物却需要二氧化碳来进行光合作用，同时释放出氧。根据研究，植物中的干物质约有 50% 是取于二氧化碳中的碳素构成的。如果有 1 公顷的森林，在一年内增加 4 吨干物质，就需要 2 吨碳素。

二氧化碳中，只有碳素是构成树木干物质的原料，所以 2 吨碳素，就不止需要 2 吨二氧化碳，而是需要更多的二氧化碳来提取的。根据计算，2 吨碳素需要在大约 1100 万立方米空气中提取，这就要超过 1 公顷森林中二氧化碳含量的 30 倍。假定以全球的植物对二氧化碳的需求量来讲，一年中的需求量约等于空气中二氧化碳总量的 3%。如果不再补充，大气中的二氧化碳只够用 30～35 年。

如此说来，地球上大气中的

二氧化碳不是就会逐年减少了吗？在森林区域，树木生长需要大量的二氧化碳，空气中的二氧化碳不是就会少于无林区域了吗？其实不是这样的。

空气中的二氧化碳，一方面被植物吸收，进行光合作用，另一方面，动植物的呼吸作用会释放出二氧化碳。地面上燃料的燃烧，矿山煤井的开采，火山的喷发，土壤内有机物质的分解，森林中地被物的分解，都会不断地补充空气中的二氧化碳。1公顷肥沃的土壤，每小时能放出10千克到25千克的二氧化碳；就是贫瘠的土壤，每小时也可以放出2千克到5千克的二氧化碳。空气中的二氧化碳，一方面被消耗，另一方面可以得到补充，可以说是取之不尽、用之不竭的。

可是我们要注意，上面是就全球情况来讲的。在特别的地方，情况就不一定如此了。有活火山的地方，二氧化碳的百分比就要比没有火山的地方大些。在森林区域中，树木上部枝叶茂盛，树木好像戴了一顶帽子，所以叫做树冠。树冠因为枝叶特别茂盛，需要大量碳素，所以空气中的二氧化碳多半被它进行光合作用时吸收了。又因为通风不畅，补充困难，树冠部分的大气中二氧化碳的百分比就要小些。

树冠以下，树叶少，碳素的需求量少，空气流通也不畅，又接近土壤，接近地被物，也就是接近分解二氧化碳的源地，同时二氧化碳比干空气重些，所以二氧化碳要多些。根据研究，假如树冠以上的空气组成状况正常，二氧化碳的百分比是0.03%，那么树冠内的二氧化碳就会减到0.02%；而在树冠以下，由于地被物及土壤分解产生了二氧化碳，百分比就会增高到0.05%～0.08%。所以森林中的二氧化碳的百分比，是随着高度增加而减少的。

不但如此，森林中二氧化碳的含量，又会随着昼夜的不同、季节的变化以及天气状况而有高低变化。植物在白天进行光合作用，吸取空气中的二氧化碳，释放出氧；夜间光合作用停止，呼吸作用开始，就吸取空气中的氧，释放出二氧化碳。所以夜间森林中二氧化碳的百分比是不同于白天的。森林中树木的光合作用虽然在白天进行，但是光合作用的强弱与温度有密切的关系。温度太低，光合作用缓慢；温度高，光合作用快速。若是温度太高了，光合作用又会停止。因此，季节不同，天气状况不同，温度不同，光合作用的强弱程度不同，二氧化碳的需求量也就有多少的变化。总之，森林中的二氧化碳，在同一时间内，既随着森林高度的增加而减少，又因昼夜、季节和天气状况的不同而浓度有高、低的变化。这种变化是异常复杂的。

另外，森林区域空气中的水汽有其独特的一面。

空气中的水汽是由地面蒸发而来的。因此，水源充足的地区，如海洋湖泊的表面上，空气中的水汽就多。沙漠地区，空气中的水汽就少。森林区域既非海洋，又非沙漠，空气中的水汽，究竟是多是少呢？

根据观测，森林区域空气中水汽的含量，比无林区域多。这是因为天空降落的雨水，在无林区域，一部分被地面土壤所吸收，一部分又蒸发回到空中，还有一部分流向他处。地面吸收比较缓慢，蒸发回到空气中的量不多，大部分降水都流失掉了。在森林区域，情况就不是如此。森林中每一棵树有一个树冠。很多树冠相连，就成了林冠。林冠对于降水是有阻滞作用的。它能截获很多降水，不让过多水分流向他处。如果降雪，林冠上可以截留一层很厚的雪。当然，这些雪可能有一部分被风吹走。但是以整个林冠来讲，截留的水分含量也是不少的。这些雪慢慢地融化，慢慢地蒸发，就使得森林区域的空气所含的水汽量比较多了。根据实验证明，林冠阻滞的降水量，因为树种不同而有所区别，阻滞的百分比约在15%~80%之间。流失的水量相对减少，蒸发到森林区域空气中的水汽量就多了。

其次，无林区域只有地表蒸发水汽，而森林区域，既有物理性的蒸发作用，又有生理过程的蒸腾作用。这里所说的蒸发作用，是指森林的林冠、枝干以及森林中的土地水分直接蒸发。所谓蒸腾作用，是指森林的根部在土壤中吸收了水分，通过树的内部，传到枝叶，再把水分蒸发掉。这样看来，森林区域的空气里，不但有从地面上来的水汽，而且有从土壤深处来的水汽。同时，一棵树种在地上，由于枝叶繁茂，它的面积要比这棵树所占的土地面积大若干倍。这就大大地增加了蒸发的面积，也就增加了输送到空气中的水汽量。根据在俄罗斯沃龙涅什省森林中的统计，在夏季，树林中每立方米的空气所含的水汽量，比同体积的田野中空气所含的水汽量平均要多1克，有时可以达到3克。

空气中含有许多杂质，杂质的多寡和差异，完全是由各地环境决定的。譬如在海洋上，呼吸时会感觉空气中有咸味，这就说明空气中有盐分。又如在工厂区域，经过一天呼吸，鼻孔中有黑灰，这就说明空气中有燃烧物的灰烬。

森林区域的空气中究竟有什么杂质呢？尘埃当然是有的，只要有空气的地方，就有尘埃。尘埃可以分为有机杂质和无机杂质两种。无机杂质如燃烧物的灰烬等。在森林区域，虽然没有工厂，可是在刚刚发生森林火灾的地方，空气中的灰尘也是不少的。一般来说，森林对于空气中的尘埃有过滤的作用，所以愈向森林内部，空气中的含尘量愈少。可是有机杂质，如微生物花粉等，在森林区域的空气中比较多些。

在森林区域的空气中，往往充满了一种能消灭单细胞微生物、细菌与菌类的物质。这种物质，叫做植物性毒，是由植物释放到空气中去的。它对制造这种物质的植物有保护作用。植物性毒散布在空气中，有的是气体状态，有的是浮悬状的液体或固体状态；有的有强烈的刺激性的气味，伴随着花香进入我们的鼻孔，有的是无色无味的。这些植物性毒，对于人类有特殊医疗作用。所以散步于林中，不仅利于避烈日，而且很利于健康。

由以上所说的各点看来，森林区域的空气中，二氧化碳、水汽和微尘三者的含量与普通空气不同。大气中最能影响天气变化的是水汽，其次是二氧化碳及微尘。森林区域因为空气中这三者的含量不同，所以阴晴变化，风霜雨雪等气候情况，也与他处不同。

森林与风

空气是一种流体，像水一样能够流动。在同一平面上，因为所受的压力不同，有的地方压力高，有的地方压力低，空气就由压力高处流向压力低处，和水由高处向低处流一样。这就是形成风的主要原因。

在局部地区，气温高的地方，空气密度小，压力低。气温低的地方，空气密度大，压力高。因此，气温低的地方的空气往往向气温高的地方流动。气温差别愈大，空气流动的速度就愈快。

当空气水平流动时，因为地面崎岖不平，流动的空气就会受到一定的阻力。阻力愈大，流动的速度就愈弱。在高空中，就不会有这种现象。愈近地面，障碍作用愈显著，影响就愈大。

障碍物不但会减弱风速，也会改变风向。在城市中，有的街道是东西向的，有的街道是南北向的，街道两旁高大的房屋阻挡了空气的流动，南北向的街道就不容易让正东风或正西风吹入。同样情况，东西向的街道，也不容易让正南风或正北风吹入。在南北向的街道中，常常吹北风或南风，在东西向的街道中，常常吹东风或西风。所以在街道中的风向，往往和旷野中不同，而且城市内风速小，旷野中风速大。

狂风中的森林

仔细想一想，就会知道这是地面情况不同所产生的结果。城市中的风速、风向，是因为建筑物的障碍作用而改变的。

森林区域树木密集，有高大的树干，有稠密的林冠，是空气流动的巨大障碍，它能改变风速、风向和风的构造。一般分为水平的、垂直的、昼夜和季节的三个方面。

水平方向的变化

水平运动着的空气在前进的道路上遇到森林时，在森林的迎风面，距林缘 100 米左右的地方，风速就会发生变化；到了林缘，就会沿着林缘绕流并上升；只有一部分气流能突入林中。在林冠上前进的气流到达森林的背风面后，又重新下沉。现在就分别来谈谈森林迎风面和林冠上层风速的变化、风穿进森林的变化以及风越过森林的变化。

森林迎风面和林冠上层风速的变化。在森林迎风面，风速随着距离林缘的远近的变化如表格所示。

离林缘的距离（米）	117	81	31	0
风速（以对远处开旷地上风速的百分率表示）	100	82	98	85

由表格中的数据可知在离林缘 117 米的地方，风速尚未起变化。随着风愈向林区吹近，风速就显著地变小。在距林缘 81 米处，风速只有无林开旷地中的 82%，而在接近林缘的地方，如上表中距离林缘 31 米处，风速略有增加，而到了林缘，风速又减为 85%。

在林缘附近，风的流动呈现波浪状，与林墙碰撞时，就好像海水撞击海岸一样，产生了空气运动的碎浪，这种碎浪造成了无数的小涡旋。一部分气流受林墙的反撞沿着林墙上升，在森林上空流动。

森林顶部的林冠是高低不平的。在森林上空流动着的空气，受林冠的影响，大大地改变了原来的构造。平流的空气中，激起了许多涡旋，使森林顶上的空气呈涡动状态。在飞机上观察这种增强的涡动作用，有 200～300 米高。在夏季的白天，风速大的时候，林冠上这种涡动作用最强。

风进入森林后的变化。没有被森林阻挡住的风,进入森林之后,风速很快地降低。结果如下:

深入林内的距离（米）	34	55	77	98	121	185	228
与原风速的百分比	56	45	23	19	7	5	2~3

由此可以看出风进入林内速度锐减的情况了。在深入林内228米处,风速仅及原风速的2%~3%。这一资料是从松林中测出的。这个松林中还有稠密的树层和榛树灌木林。树种不同,对于风速减低的效应也有所不同。据多处观测,云杉林使风速减低的作用特别大,在云杉林中,几乎是平静无风的,在一般森林内部的风,也很少超过每秒1米的速度。

为什么风进入森林后,风速会变小呢?原因是林中的风力消散在树木的摇摆,树枝与树叶的阻挡,以及使树枝发热的作用上。能力分散了,所以风速很快地降低。

风越过森林后的变化。当风由森林上空吹向旷野时,因为是从树冠上滑下的,所以形成一种下降气流,大约在树高10倍的距离处着地。有一部分气流,向各个方向流散。一部分在离林缘较远的地方集中起来,并逐渐加大自己的速度,约在树高50倍的地方恢复原无林地区的风速。在森林背风面的风速变化的记录如下:

离林缘的距离（米）	170	256	470
风速（与开旷地原风速的百分比）	39	88	100

由上表可见,在森林背风面,森林对风速的影响的距离远较迎风面大。风速受森林影响的距离,因地方条件而不同,主要决定于森林的组成,树木的密闭度、年龄、高度、状态、结构以及地势等等。根据资料显示,在森林迎风一面,风速受森林影响而降低的距离,可以达到距林缘100米;在背风一面,森林对风速的影响,可以达到距林缘500~750米;甚至在距森林1500米的范围内,也可看出森林的影响。

上面所列举的关于森林影响风速的距离,是一个概值。森林的实际情况不同,这个数值变动很大。紧密结构的林带与稀疏结构的林带的防风效应就有显著的不同。前者在向风面降低风速的范围比后者大，在背风面则出现相反的情况。研究分析得出，能使 1/3 的风透过的林带（也就是透风系数约为 0.35 的林带），降低风速的效应最大。而这种林带的本身，上部较密，下部较稀。林带的方向，最好与盛行风成 90°的角度。

此外，森林除了降低风速以外，还能改变风的结构。风在地表空气层中移动，经常是涡动着的，它内部的波动、涡旋和滚动不断发生和消失。风在接近地面层进入森林后，它的垂直涡动就减小了，气流接近水平状态，这样就可以减弱林带内气流的垂直交换，使下层空气容易受森林的蒸发和蒸腾作用的影响而变得很湿润。森林带之所以能够抵抗干旱风的侵袭，这是最主要的原因。

垂直方面的变化

有风暴的时候，我们如果站在森林中，就会听到森林外阵风很强，在林冠之上狂风怒号。几秒钟后，就可以看到树冠动摇，形成波浪。稍停，风才会沿树干下降，我们的面部才会感到有微风吹拂。由于树林的阻挡，林冠上虽是猛烈的强风，林中地面不过是轻微的软风而已。

林业专家盖格尔就森林中风的垂直分布，曾经做过观测。他在15米高的松林中的不同地方放了六个风速仪，经过188小时的观测，得到平均风速如下表：

风速仪的高度（米）	风速仪的位置	平均风速（米/秒）
16.85	树冠上自由大气中	1.61
13.70	树冠顶部	0.90
10.55	树冠内	0.69
7.40	树干上部	0.67
4.25	树干中部	0.69
1.01	林中地面	0.60

由上表看来，树冠部分降低风速的作用最大。树冠以下，一直到林中地面，风速都很小，都属一级软风。在这距离内，风速几乎没有多大的变化。风的动能，也同热能一样，大部分消耗于林冠区域，仅有一小部分深入林内。

上面的资料，如果把它画成

图，就更容易让人明白了。下图是在三种不同风速的情况下的垂直分布的现象。小风时在林冠以下，风速就很快地减弱了。可是在大风时，一直到树干的部分，约在7米的高处，风速才会逐渐地减小。在近地面1米以下到地面处，风速减少得更快。可见林中风的强弱，同它的原始风速有密切关系。

不但如此，林冠上树叶的多少，对于林中风速的大小也是有关系的。在叶子未长出时，气流很容易穿进林内地面。但是因为林冠处有很多的树枝，所以风速在林冠处削弱得很多。到了树干处，风速虽仍然降低，可是差别

很有限。在有叶子的时候，情况就不同了。树冠以上，风速很大，而树干部分，多属平静无风。所以，叶子愈多，林中空气愈平静。据观测，森林中平静无风的时数占观测总时数的百分比如下表：

距林中地面的高度（米）	风速仪的位置	无风时数占观测总时数的百分比（%）	
		无叶	有叶
27	林冠上	0	10
24	林冠内	8	33
20	林冠下	35	86
4	地面上	67	98

由上表可见：①不论在林中任何部位，总是有叶时平静无风的百分比较无叶时为高。②不论

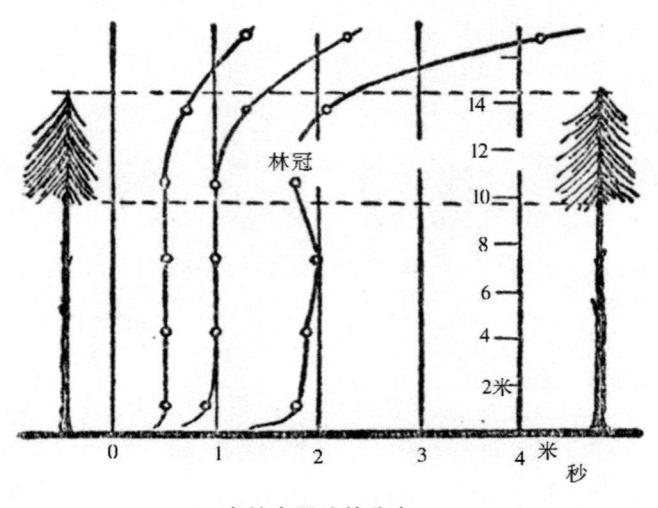

森林内风速的分布

在有叶或无叶时，总是愈近地面平静无风的百分比愈高。

总的说来，森林中风速的垂直分布，林冠以上风速大，林冠以下风速小。无叶时林内风速较大，有叶时林内风速较小。无叶时，风速降低最剧烈处在林冠区域；有叶时，风速降低最剧烈处在林冠表面。所以，情况不同，风的垂直分布也不是一样的。

昼夜和季节方面变化

我们在前面说过，在局部地区，因为气温和气压的情况不同，风向是不同的。风总是由高气压处流向低气压处。在由热力作用影响气压高低的情况下，风大都由低气温处流向高气温处。因此，森林区域与无林地毗连的地方常常会产生一种特殊气流。这种气流就好像海风和陆风、山风和谷风一样，是随着昼夜和季节而变化的。

在夏季白天，无林地下层空气增热较快，林中增热较慢。因此，无林地的气温常常比林中气温为高。二者的差数相当显著。在这种情况下，无林地的空气，因为气温高，体积膨胀，密度变小，就会发生上升运动。空气上升了，上空的空气因而发生堆积的现象。结果，在空中同一平面上，无林地的上空空气密度较大，森林上空空气密度较小。无林地上空气压较高，森林上空气压较低。因此，无林地上空的空气就会向森林上空流动，降落在森林上面。在地面上，因为无林地上空的空气向外流，空气质量减少了，地面上的气压因而降低。在森林内部，因为气温低，空气收缩，密度变大，上层又有无林地空气流入，增加了空气量，地面上的气压就增高，林内空气就会向无林地流动，因此形成了局部的循环系统。

这种情况，在夏季最显著，尤以下午4时～6时风速较大；在其他季节，气温、气压相差甚微。或者有这种现象，也是非常微弱，甚至不会产生。

森林区域，风的流动受到了阻碍，改变了方向，降低了速度。可是森林区域边缘的树木，天天受着强风的吹袭，在它的生理上和外形上，也就会发生变化。

有些地方，风力非常强烈，

而且是常常朝着一个方向吹。以致这些地方的树木和树冠常呈不对称的状态；向着盛行风吹去的方向，呈现单面的发展。树干也会朝着风去的方向弯曲。其次，在盛行风的影响下，生长的树木，由与向着一个方向摇摆，树干就会产生不平均的内部构造。如果我们把树干锯下来就会发现，年轮是椭圆形的，中心是偏于一方的。在有盛行风的区域，森林边缘迎风面上的树木常有这种现象。不成林的树木，表现得最为显著。生长在海岸上和山上的树木，因为常受单向强风的吹袭，都有这种现象发生。在诺曼底半岛的沿海，在比萨拉比亚的草原中，在巴勒斯坦等地，都可以找到这种例证。巴勒斯坦多西北风，而且特别强，因而橄榄树多向东南方偏斜。

风向不定而风力很强的地方，树干往往是下粗上细。这样，树的中心就向下移，就有能力抵抗强风的吹袭。风力愈强，树干愈是下粗上细而且愈矮。树木的根系，同样地会受到风力的影响。风力愈大，根系愈强愈深，分布的面积愈广。因此，森林边缘地带的树木，由于受到风的影响较大，树干较矮，下粗上细，根系发达。至于林内树木，树干就比较高，呈圆柱状，根系也比较浅。

自然界中的一切事物都是互相影响的，森林能影响风，风也能影响森林的生长和发育，二者是互相作用的。因此，研究气候的人，一方面可以在森林区域从事实际观测，了解风受森林的影响；另一方面，也可以从森林边缘树木的外形和内部构造，间接地了解这一区域气候的特性。树冠的偏斜等现象在气候学上有指示特性的作用，所以有人称之为"气候学上的风标"。

森林与水

蒸发与蒸腾

大气圈中的水汽都是由地面蒸发而来的。它得之于大洋表面的数量最多，湖、河次之，从陆地表面上获得的数量最少。

森林区域地面上有树木，树木有蒸腾作用，树木的枝叶以及树木以下的土壤等也有蒸发作用。因此，森林区域空气中的水汽，有这两个来源。

以土壤的蒸发作用来讲，陆地表面水分的蒸发，受各种因素的影响，异常复杂。假如地势平坦，地面上又没有树木或任何植物，那么，蒸发量的大小和快慢，是受着气象条件和土壤性质决定的。

在气象条件中，空气湿度、日光热和风速三者对于陆地表面蒸发起着很大的作用。空气湿度愈小，距离饱和状态愈远，日光热愈强，风速愈大，陆地表面水分蒸发愈快，蒸发量愈大。

森林区域的土壤，有高大的树木荫蔽着，土壤的表面很不容易得到充分的日光热，因而空气温度以及土表温度都较无林地更低。其次，有林地带由于林冠的阻碍，接近土表的空气层湿度较无林地高，通常要高 10%～20%，风速也比较小，一般皆呈无风状态。这三种气象条件，都不利于土壤蒸发。所以，有林地土壤蒸发，是显著地减少。莫斯科以北莫洛格和谢克斯娜两河间，曾进行过这样的观测。在每年的 7 月到 10 月间，山丘牧场土表的蒸发为 346 毫米，云杉白桦林的蒸发是 130 毫米，而林中休闲地（旷地）蒸发是 223 毫米。这就说明，云杉白桦林中，土表的蒸发量仅是牧场的 37%，是休闲地的 59%。

森林中的地被物

土壤种类，土粒大小、颜色、疏松性和土壤中水潜伏的深度等，对于蒸发作用都有影响。比如沙土表面的蒸发比黏土少。土粒愈小，彼此愈紧接，因而土壤毛细管的直径也愈细。毛细管愈细，水分蒸发作用愈强。疏松土壤的毛细管较粗，蒸发也就较弱。但如果土壤中水分缺乏，水分以水汽的形态在土中移动，那么压紧土表，可以阻止水汽从土中逸入空气中；土壤疏松多孔，反而容易使水汽散失。此外，土壤中水位高低，水中是否含有盐分，这些因素，都和蒸发的强弱有关系。水位愈高，愈近蒸发面，蒸发愈强。土壤中水多少含有一些盐分，因此土壤中水分的蒸发速度比蒸馏水较慢，但是这种差异并不显著，只有在土壤中水分所含的盐的浓度达到能使植物死亡时，水分的蒸发速度才会显著地降低。

森林区域，土壤的表面，情况是不同于无林地的。首先，森林中土壤的表面有枯枝落叶，有地被物，它们能吸收大气中的水分，降低土壤中毛细管的作用，使土壤蒸发量减少。观测结果显示：在森林中有枯枝落叶层的土壤，比无枯枝落叶层的土壤蒸发量减少7%～10%。其次，森林区域的地表，常常被小动物及昆虫如蚯蚓等在地下掘成通道，破坏土中的毛细管，使水分不易蒸发。而且相反的，由于这些通道不是暴露在空气中而是掩蔽在地下的，所以反而容易吸收大气中的水汽，这样就使得森林区土壤中的水汽蒸发更不容易。

森林区域的地形也不一定是平坦的。有的在山上，有的在盆地中，有的在斜坡上。地形不同，土壤表面蒸发量也不一样，也就是说，决定蒸发作用的因素更多了，更复杂了。假设在倾斜15°的向南斜坡上蒸发量为100%，那么在倾斜度相同的东向斜坡上，蒸发量降低为86%，西向斜坡，蒸发量降低为84%，北向斜坡，蒸发量降低为71%。

总的说来，森林区域土壤表面的蒸发量较小，它是由各种因素所决定的，异常复杂。可是树木林冠的表面上，树枝树叶上，蒸发到空中的水汽也是不少的。这些水汽的来源，有的是在降雨、降雪时期截获的，有的是因为晚间冷却，空气中的水汽凝结在它上面的。由于这些林冠以及树枝、树叶的面积特别大，截留的水分多，蒸发量也就多了。

至于树木的蒸腾作用，是一个生理的过程。在一般情况下，形成1克树木组织，大约要蒸腾300～400克的水。这些水，都是由树木的根部从土壤中吸取的。水分被吸取后，通过树干送到叶子中，几乎完全由叶子蒸腾掉，只有很少量吸收到植物的组织中。在气候干燥的区域，植物只能从1千克水中截取1克。而在潮湿的气候中，则能截取 2～3 克。这就说明了树木必须从土壤中吸取大量水分，才能适应它在生长时期的需要。同时，森林区域的空气中，也就因此而得到大量的水汽。树木的蒸腾作用是由许多因素决定的，如树木的品种、根的分布状态、树木发育与增长的程度、湿度、温度、光照、土壤的成分和它的化学特性、风等等。现在分别说明如下：

树木的品种不同，在生理过程中，吸水、放水的情况就不一致。凡是需要水分多的树木，蒸腾量亦多，反之也是如此。根据需要水分的情况，树木可以分为三大类：①水生植物，只能生长在潮湿的环境中，如黑赤杨、水生柳等。这种树木，生长时需要大量的水分，因此它蒸腾而出的水汽就多。②干生植物，这种树木在干燥的气候环境中也能生长，如梭梭木等。水分来源少，因蒸腾而释放出的水汽就不多。③中生植物，这种树木如胡桃等，水分的需要量变化很大，蒸腾量也必定有很大的不同。由此看来，树种不同，蒸腾量的大小也会随之而异。

树木根部深入地下，吸取水分，因而使地下的毛细管作用加强，继续不断地把水汽送入空气中。根系的深度也是随着品种和环境而不同的。有的树木根部深，有的浅。土壤层厚的地方根部深，浅的只有向横处发展扩大面积。在有利的条件下，这个深度有时能超过树的高度。像俄罗斯南部的橡树，根部深度超过了树高。通常的情况，根深是在 2～4 米之间。因为根深，与根部相接触的土壤，又把更深处的水分，借毛细管的作用送到根内。

梭梭木

四通八达的根系

树木的根部，不但很深，而且分布的面积很广。它生长着很多的根须，分布在各层土壤中。树木根系较小的，根须总长只有几十米，而大的却有几千米。这样巨大的根部，吸水能力可以想见。气候愈干燥，根部愈深，分布的面积愈广。干燥地区树木的根能够深达 10 米，侧根分布的面积，可达 150～200 平方米。这些根分布在地下，好像自来水管一样，在深处的根吸取土壤中的水，在浅处的根以吸取因降雨而渗透到地下的水分为主。根据资料显示，一年内森林从 1 公顷土壤里吸取的水分与蒸腾到空气中的水分，有 100～350 万千克，约占该地降水量的 20%～70%。

树木蒸腾作用的强弱，主要的是看树叶的多寡；而树叶的多寡，又与树木的发育与增长的程度有密切的关系。同一树种，在不同树龄、不同季节中，蒸腾数量是有差异的。同时，树叶的外表，又有针叶与阔叶两种，它们的蒸腾数量，也是不相同的。根据资料显示，针叶树的蒸腾能力比阔叶树的蒸腾能力小。老年的针叶树比幼年的针叶树蒸腾量要少 3～3.5 倍。幼年乔木蒸腾的水分较老年乔木多。

春季是树木欣欣向荣的时期，夏末秋初是凋谢的时期。因此，春初需要水分多，蒸腾量亦大，秋季较小。春季槭树叶的蒸腾比夏末约多 1.5～2 倍。因此经过冬眠的针叶树，一到温暖的春天，地面部分马上就恢复蒸腾作用，可是地下仍然冻结未解，吸水无路，放水之门大开，树木往往因此而枯死。在冬季，气温在零度以下时，树木也会因地上部分蒸腾而发生干枯的现象。

树木因有蒸腾作用，所以释放到空气中的水分量很多。一般来讲，比同一地带的水面在同样条件下的蒸发量还要大些。这是因为树木有众多的树叶，蒸发面比它生长的土地面积大了若干倍的缘故。1公顷44年树龄桦树林的叶面积有7.5公顷，无怪乎它能发挥出这样巨大的效用。可是有的树木树皮很厚，而且角质化或有绒毛蜡质层，分泌挥发油，气孔少而深陷，叶子组织紧密或者叶子少，情况就会发生变化。不过它与附近无林区相比，释放到空中的水汽还是较多的。

空气的潮湿程度，对于树木的蒸腾作用关系最大。计算空气潮湿程度的方法有好几种，最基本的是水汽压。空气是混合气体，整个空气柱在单位面积上所施的压力叫做大气压，其中水汽部分所施的压力，叫做水汽压。在一定的温度下，空气中所含的水汽量，只能达到某一个最大限值，当空气中的水汽含量达到这个最大限值时，就叫做饱和空气。饱和空气所施于单位面积上的压力，叫做该温度下的饱和水汽压。在某一温度下饱和水汽压与现有水汽压的差值，叫做饱和差或湿度差。干燥的地方，空气中水汽少，离饱和的程度很远，饱和差大，树木的蒸腾作用极快。有时因为气温高，又有干燥的风吹来，空气中水汽极少，树木的蒸腾作用加速进行，树叶失水过多，根系吸来的水分来不及供应，树木就会发生枯萎的现象。相反的，在低温而湿润的地区，空气中饱含水汽，饱和差小，植物的蒸腾作用就弱。

空气温度对于树木蒸腾作用的影响虽然很大，但却是间接的。气温降低了，原有的水汽距离饱和程度就较近，饱和差变小，蒸腾作用弱。气温高了，原有的水汽距离饱和程度就较远，饱和差变大，蒸腾作用强。因此，树木的蒸腾作用，夏季比冬季强，日光强时比日光弱时快。其次，树木的蒸腾作用是通过树木的气孔来进行的。根据实际观测，气温在40℃以下时，气孔开放或收缩的能力最强，它可以随着外界条件的变化，加强或减弱它的蒸腾作用。可是气温超过40℃时，气孔就大大地张开，失去收缩的能力，树木内部的水分就会大量释放出，树木就易枯萎。此外，气温较高，土壤温度也会相应地升高。土壤温度高，就会更快把水分送入树木的根部，通过树干及树叶，再把水汽释放入空气中，加强蒸腾作用。相反的，气温低时，树木的蒸腾作用就会减弱。

光照可以分直射光和散射光。直射光就是日照，散射光不是由太阳直接照射来的光线，如日出前日落后天空的亮光等都是。森林区域，直射光较少而散射光很多。散射光可以使蒸腾作用增强 30%～40%，直射光则可以增强好几倍。因此，树木蒸腾作用的强弱，与太阳照射是有密切关系的。

树木蒸腾作用的强弱，跟土壤也有着很大关系。在土壤中，有许多阻碍根部吸水的力量，称为持水力。土壤持水力的大小，是由土壤的成分决定的。因此，土壤的种类不同，持水的能力也就有所不同。例如土壤中水都是各种盐类的溶液，它与净水不同，溶液本身有吸取力，不易让水分失去，因而根部就难吸收。又如土壤中是有胶性物质的，如果土粒愈细而且胶性物质愈多，那么土壤中被土粒和胶性物质紧结着的水分也愈多。这些水分是很难被根部细胞取用的。任何土壤中都有盐类和胶性物质，但是含量的多少各处不同。因此，树木根部的吸水量和由树木蒸腾到空中的水汽量，也就受到影响，在分量上有所容差了。

风对蒸腾作用也是有影响的。风来时，树木周围的饱和空气就会不断地离开，干燥的空气就会不断地吹来，这样，就增强了蒸腾作用，尤其是干燥风来时，影响特别强。森林边缘的树木蒸腾作用较森林内部强，就是这个缘故。

以上这些因素，都影响着森林区域的蒸腾速度的快慢和蒸腾量的大小。同时，这些因素，又是相互影响的。比如光照不同，会影响温度、湿度和风。树木品种不同，土壤特性不同，会影响根部的水分吸收和树木的蒸腾量。同时气候条件又能影响树木的生长，彼此是相互关联，而且是错综复杂的。所以说，树木的蒸腾作用并不是一个简单的过程。森林中既有蒸发，又有蒸腾，送入空气中的水汽远非无林地可比。

空气湿度的变化

由于森林中的蒸发作用和蒸腾作用，进入空气中的水汽量比无林区多，加上森林区的风速小，空气的垂直交换作用不强，森林中的绝对湿度一般都比无林地高。它们的差别，以林冠内最大，接近地面的空气层内最小。根据观测得到的资料显示，在树冠内，空气的绝对湿度最大，在7月到9月内，栎树林冠内空气的绝对湿度的昼夜平均数，要比无林地间2米高处的绝对湿度的昼夜平均数高0.8～1.1毫米。在晴天午后1时许，它们的差异更大。森林中的林冠内，绝对湿度经常比无林地高2.6～3毫米，有时相差达6.5毫米；在早晨7时，相差最小，平均为0.1～0.4毫米。这和前面所说的气温差异情形相似。在早晨日出时，无林地中气流平静，空气的垂直交换作用不强，无林地中地面蒸发出来的水汽，停留在下层空气中，所以它的绝对湿度与林冠内相差不多。到了午后，无林地地面空旷，垂直涡动对流旺盛，上升气流和涡动把水汽从低层带入较高的气层中去，下层水汽更少。森林中空气垂直交换作用很弱，气温高时，蒸发和蒸腾作用更强，进入空气中的水汽量更多。所以，它们的差异最大。

在贴近地面层的空气中，森林中和无林地中的月平均绝对湿度的差异不大。根据俄罗斯沃龙涅什省森林草原带孤立栎树林中和无林地中的空气绝对湿度平均值比较，1月份两者没有差异，7月份森林中近地面空气的平均绝对湿度为13.6毫米，而无林地中为12.8毫米，两者的差值为0.8毫米。就全年平均来讲，森林中的绝对湿度为6.6毫米，无林地中为6.4毫米，两者相差0.2毫米。

现在再来谈谈森林中与无林地中相对湿度的差别。相对湿度的大小，一方面要看空气中水汽压的大小，一方面还要看当时气温的高低。气温高，空气含水汽的能力强，饱和水汽压高。气温低，空气含水汽的能力小，饱和水汽压低。按照定义是：

$$相对温度 = \frac{空气中现有水汽压}{当时温度下饱和水汽压} \times 100\%$$

在冬季，森林中水汽压与无林地中水汽压相差不大，而森林中气温又较无林地稍高，所以它们的相对湿度差别也极小；很多时间是完全相同的。但是到了夏季，森林中水汽压就比无林地高，而森林中气温又较低，饱和水汽压因此较小。根据上面公式计算，森林中的相对湿度就比无林地中大。下面三种资料，很清楚地表现出这种现象。

首先看在株高 1.5 米的幼龄栎树林中所测得的资料，相对湿度的最大值是在林冠内，在 7 月到 9 月内，林冠中空气日平均相对湿度比旷野上 2 米高处要多出 8%~11%。在晴朗天气的 13 点钟，这种差数平均可以达到 22%。晴朗干燥的天气中，风力微小而空气上升运动旺盛的时候，无林地中近地面 2 米处气温

高，水汽多被上升气流带至上层，所以相对湿度小。森林中气温较低，上升气流不强，由于树木的蒸腾作用，林冠中水汽压又较高，因此，这时森林中的相对湿度可以比附近无林地高 33%~34%。

再根据俄罗斯沃龙涅什省森林区孤立的栎树林中和在附近的无林地中的观测，空气相对湿度的月平均值如下面表格所示，在 1 月份，由于气温低，饱和水汽压小，所以森林和无林地间的相对湿度都比夏季大，但二者的差值为零。在 7 月份，气温高，饱和水汽压大，森林和无林地的空气相对湿度都较冬季小。但无林地气温尤高，所以相对湿度就更加小，森林与无林地间相对湿度的差别就增大。拿 7 月份 18 点钟时的平均数相比，两者的差异尤其显著。

记录时 \ 项目地	7时、13时、21时空气相对温度的平均数（%）			13时空气相对温度的平均数（%）		
	森林	无林地	差数	森林	无林地	差数
1 月	86	86	0	84	84	0
7 月	80	71	+9	66	53	+13
全 年	80	77	+3	69	65	+4

另外一个资料，是在沃龙涅什省地区43年树龄的栎树林中和田野间，利用湿度计观测到的空气相对湿度的连续纪录。下图是以等值线表示各月份中一昼夜内森林中与田野间相对湿度的差异。由下图中可以看出，夜间森林中和田野间相对湿度的差异比日间小，日出前后差值最小。8时到10时前后森林中气温与田野间气温的差数最大，所以相对湿度的差异也最大。在靠近中午的时候，二者的差异又稍微减小。

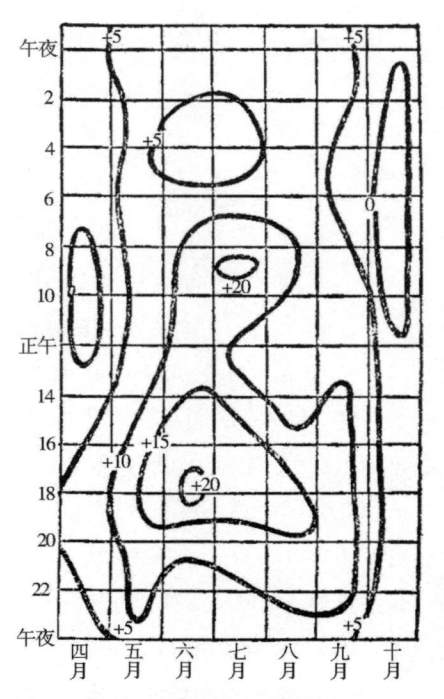

森林中和田野间相对温度的差异图表

　　在16时到18时，差异又达到最高值。当森林中气温比田野间气温低得最多时，正是森林中相对湿度比田野间高得最多的时候。

　　在早晨气温最低的时候，森林内各高度内空气都接近于饱和状态，林冠与林内地面相对湿度的差别极小。上午8时二者差别约为5%，9时左右差值稍大，中午又约为5%，午后两者差值逐渐增大，午后5时左右达15%～20%，5时以后，差别又迅速地减小，子夜以后日出以前，降到最低值。

　　白天中相对湿度的最低值，出现在下午2时左右，与最高气温的时间相符。下午2时以后，林中上下层的相对湿度差别愈来愈大。在相对湿度最低时，两者差值并不是最大。林中地面上因为水汽长时间积蓄，对流交换作用又不强，所以黄昏时气温开始降低，相对湿度就比林冠以上高得多。

　　根据实验可知，在一天中以15时各高度的相对湿度最低，在7时～21时最潮湿的空气层不在地面，而在距地3米的位置。到了夜间，空气的垂直交换

第四章　森林与气候变化

073

作用不强，地面层空气最潮湿。由于林冠处的蒸腾作用，进入空气中的水汽也多，因此也很潮湿。在此时离地3米的地方，相对湿度就比地面和林冠小。

森林对降水的影响

降水的形态很多，一类是由云中降落到地面上的降水，包括雨、雪、霰、雹等，一类是由空气中的水汽在地面上或地面物体上着落而形成液体或固体状态的，包括露、霜、雾凇和雨凇等。气象学上所称的降水量，就是指这些液体降水和固体降水（化为液体后）的深度而言，通常以毫米为单位。

森林对降水的影响极大，一方面它能增加降水量。另一方面，林冠又能截留一部分降水量，减少径流，蓄积雪量，延缓融雪的过程。

先谈降水量的增加，资料显示，每年都是森林地的降水量多于无林地，平均每年森林地降水量较无林地多17.4%，绝对值多93毫米。再就四季来划分，森林地比无林地多出的降水量百分数如下：

季节	平均量（%）	最低量（%）	最高量（%）
冬季	54.2	20.8	81.7
春季	13.1	0.0	46.7
夏季	8.0	1.4	24.0
秋季	14.8	0.4	27.7
每年平均	17.4	3.8	26.6

除了上面的例子以外，在俄罗斯沃龙涅什省森林草原带，赫列诺夫斯基松林区中，5月到9月的降水，比该林附近开旷地上在同一时期的降水要多10%～14%。乌斯曼大森林区中的降水，则比开旷地上的降水多12%。

森林上空的降水为什么会比无林地上空的降水

雾凇

多呢？原因有以下几点：

（1）森林能阻留降水，减少地面的径流，使雨水缓缓地渗透到土壤中去，提高土壤中的水位，再通过根的吸收和叶子的蒸腾作用，将大量的水分送到空气中去。同时，树枝树叶上、林区地面上截留下的降水，又有广大的蒸发面蒸发水汽。因此，森林区域空气中的水汽量多，湿度大，容易达到饱和而凝结。

（2）森林林冠的气温，除极少时间外，一般都比附近的无林地低。气温低，含水汽能力小，更容易促使空气达到饱和状态，便于水汽凝结，成云致雨。

（3）森林是气流移进的障碍，平流的空气，遇到大森林的阻碍时，就会被迫上升，在林墙附近和林冠上部产生涡旋。这些涡旋，使森林上空的空气成涡动状态，促使空气有上下交流的运动。气流上升后，因高层的气压愈来愈低，上升空气的体积就会膨胀。膨胀时，气体分子运动要消耗热能，因此气温显著地降低，含水汽的能力变小，就会有大部分水汽凝结成为浓云，终致降雨。

森林地带除了降水以外，露、霜、雾凇、雨凇等也比无林地多。

雨　凇

在空旷的田野上，夜间辐射冷却的表面仅是地面；而森林区辐射冷却的表面，除了林中地面以外，还有树木的枝叶等。在夜间，林冠辐射放热最多，冷却的效应最显著。由于森林的蒸腾作用，空气比较潮湿。这种潮湿的空气与冷的林冠接触，当气温降低到露点或露点以下时，空气中的水汽，就附着在树木的枝叶上，凝成露水；若凝结的温度在0℃下，就凝结成霜。在稠密的林冠上，露或霜的数量远较无林地上多，就是因为在森林内的地面上，由于树冠阻挡了森林区土壤表面所辐射出来的热量，夜间冷却的效应不显著，所以林下地面的露或霜没有林冠上的多，也不及空旷地面上的多。但是在早春或晚秋，树木发叶前和落叶后没有稠密的林冠，林中地面上有枯枝落叶层覆盖，夜间这些枯枝落叶层大量辐射散热，表面很快地冷却；又因为导热性能不强，下层土壤的热量不能及时传导上来，补充它辐射散热的损失。在这种情况下，林中地面的枯枝落叶层上的凝霜量，就较无林地多。

在冬季高纬度地区，有雾的时候，空气中的雾滴在无林地可以无阻挡地飘悬空中，但一遇到森林的阻挠，就会着落在树枝上和针叶上，凝成白色疏松易于散落的结晶层。这种结晶层叫做雾淞。据观测，在一株株高757厘米的24年树龄的松树上，冬季能收集到106千克雾淞；从另一株高372厘米的16年树龄的松树上，能收集到50千克雾淞。森林中凝结的雾淞降水，平均每年有85毫米左右，占全年降水量的9%。

在高纬度地区，冬季的雨水水温往往在0℃以下，这种雨水仍是液体状态，叫做过冷却的雨滴。过冷却的雨滴着落在树木上，就凝结成一层透明的冰壳，称为雨淞。在长期和剧烈的严寒之后，普通的雨滴也能凝成雨淞。森林能够截留降水，在高纬度冬季森林中的雨淞也比无林地多。根据观测，在一棵20年树龄的栎树的树枝上，因雨淞而着落的冰有155千克，而这一棵栎树的树枝只重30千克，全树的重量仅有61千克。所以雨淞往往能令树枝断裂，有时甚至能折断树干。在俄罗斯库尔斯克省中，5米高幼龄果树的枝条上，一昼夜内可搜集到4千克左右的雾淞，在一年中可以搜集得80千克左右。有很多时候，田野间并没有积雪覆盖层，但森林中由于树上掉下来的雾淞，却可以积成一层薄薄的积雪覆盖层。

由此可见，森林中不论哪一类降水，都比无林地多。但是因为林冠可以截留一部分降水，所以森林地面土壤所获得的降水比附近田间所得的少。林冠阻滞降水的多少，一方面看森林的组成、年龄和密闭度，另一方面要看降水的性质、降水的强度。

树冠稀疏的树种，透下的降

水要比树冠浓密的树种多。成熟的桦树林，树冠阻碍降水量最少，就年雨量来讲，林冠阻拦的降水，大约是田野降水量的10%。松林林冠截留的年平均降水量较多，大约是13%~16%。稠密的云杉林林冠，积蓄水量最多，年平均大约是田野间降水的32%，所以全年降水中只有68%能透入林中地面。

云杉林

同一树种，林冠截留降水的数量，还要看降雨的强度（即每小时降雨的数量）而定。降雨强度愈小，下雨的时间愈短，积蓄在林冠上的降水百分比愈大。如果雨下得很小，雨滴轻飘，下雨的时间又不长，那么全部雨水都被林冠截留下来，濡湿林冠枝叶，林中地面甚至不会打湿。如果雨滴粗大，雨时较长，那么被林冠截留下来的雨水百分比就较小，雨滴透过林冠降到地面上的较多，一部分雨水顺着枝叶沿树干下降，再流到林中地面。在这种情况下，林中地面上所获得降雨的百分比就较大。

树种对雨水的阻挡能力是不同的，让我们先看看常绿林对雨水的阻挡。一棵60年树龄的老枞树，在小雨时有2/3的雨量被林冠挡住。雨愈大，下雨的时间愈长，被林冠阻挡的雨水愈少。不过必须注意，即使在倾盆大雨中，林冠阻挡的雨水量虽然变小，但也占有1/5左右。沿着树干往下流的雨水量，至多不过5%。只有在降水强度每小时在10毫米以上时，才有50%以上的降水透入林冠以下的地面。这一部分透入林下的降水量的分布，是很不平均的。接近树干的部分很少，树的外围增多。

落叶树林冠阻挡降水量没有常绿树多。在枞树的针叶上，雨水能够依附在它上面，但是在山毛榉树叶上，雨水会积集起来，沿着枝干向下流。即使在雨量很小的时候，透过林冠下降到林中地面的降水，也往往在50%以上。沿着树干下流的雨水，占全部降水量的1/5左右。

降雪时林冠阻挡雪量的效应一般说来没有阻挡雨量的那么大。根据观察，平均在林外与林内雨量的比较是100∶73，但是林外与林内雪量的比较是100∶90。雪透过林冠下降至地面的能力比雨强，有两个原因：①雪压积在林冠上，重量大，容易散落至地面。②降雪时气温低，蒸发慢，不像夏季雨后蒸发极快，所以树冠上积雪不易蒸发，容易滑落至地面。

林冠截留雪量的多少，一般来说，首先要看雪的性质。在气温接近0℃时，通常下降的是黏性的雪，能大量地停驻在树枝树冠上。但在低温下所降的干雪，则比较容易穿过林冠，降落到林中地面。

除了雪的性质以外，林冠阻挡雪量的多少，与森林的树种也有很大的关系。冬季桦树林所阻挡的雪量很少，占全部雪量的4%~5%。松林阻挡雪量较多，占20%~30%。纯云杉林阻挡的雪量最多，可以达到50%~60%。

在斜坡地带，没有森林覆盖，地面积雪不仅会被风吹走，也会沿坡下滑。坡地种植森林，可以阻止积雪下滑，积蓄雪水。在空旷的田野，风将雪吹向低处，沿着森林的林缘堆积起来，不致吹散，所以森林对于积蓄雪水有很大的作用。

春季旷野上的积雪能够很快地融化，往往产生很大的径流和洪水。森林中风速低，空气的交换作用小，冷空气在融解着的雪面上聚集不散，空气与雪之间的热力交流缓慢，因此森林能够使地面积雪长久地保持。

径流和土壤中的水分

海洋、河湖、池沼和地面的水分，由于蒸发作用和蒸腾作用而变成水汽，进入空气中。空气中的水汽达到饱和状态后，就附着在一定的凝结核上，经过一定的过程，形成降水，落到地面上。地面上的水分，再通过蒸发作用和蒸腾作用，转化为水汽，混合到空气中去。这种水化为水汽，水汽再转变为降水的过程，叫做大地上的水分循环。森林有加速水分循环的作用。

降水落到地面上，它的出路不外乎有三条：一是蒸发到空气中去，二是由地表流失，三是渗入土壤。森林对于蒸发的影响，前面已经说过，现在说说森林与后两者的关系。经过许多试验和观测证明，森林能减少地表流失水量，使一部分水分渗入土壤，另一部分水分通过蒸发作用和蒸腾作用，很快地变为水汽，进入到大气中去。

森林径流

地表流失水量，又称地表径流。森林为什么能减少地表径流呢？原因有以下几点：

（1）森林林冠能截留一部分降水，并且很快地蒸发到空气中去。林下的降水量比无林地少，尤其在夏季暴雨时，能有效减少地表径流。据观察，不但小雨时森林中不易发生径流，甚至在雨量强度为44毫米的暴雨时，也没有发生径流。

（2）森林中的雪融化较慢，所以大部分的水分都能慢慢地渗透到土壤中去，因而减少春季融雪所造成的径流。

（3）森林中的土壤因为腐殖质的分解和积雪的保护作用，林中土温较高，冻结的深度也较浅，在春季，雪开始融化时，森林土壤也已解冻，雪水就容易渗透到土壤中去，流失的水也就会减少。在空旷的田野中，土壤冻结层较深，所以春季融化的雪水，不能渗透到土壤中去，而以地表径流的方式流到河流中，冲刷地面的土壤，引起春季的洪水。

（4）森林中的土壤具有核桃状结构，善于吸收水分，可以减低地表径流。

（5）森林中的枯枝落叶层，具有很大的容水量和渗透性，能够保持水分，也能减少地表径流，帮助水分渗入土壤。

（6）森林中即使有一部分径流，也被森林阻挡而减弱。

以上原因，说明了森林中的地表径流远较无林地少，尤其是当春季融雪期中，无林地的雪很快地融化，地表径流大，江河泛滥，往往造成很大的洪水，而森林地带就没有这种现象。

森林减少径流的能力的不同，一方面看森林的面积大小，一方面看森林分布的情况。在合理分布的防护林带，森林的面积只要占整个区域的 10% 左右就能使森林草原的地表径流减少 1/2 以上。如果森林面积是这一地区的 15%～20%，就可能使地表径流几乎完全终止。如果森林分布是任意的，那么即使森林面积是这一地区的 70%～80%，也无法收到这种效果。

再来看森林区渗入土壤中的水分情况。由于林冠阻挡降水，森林内地面上获得的水分虽然没有田野多，但是由于林中地面水分蒸发慢，积雪覆盖层很厚，雪融化速度小，雪水和雨水的径流弱，以及森林土壤的透水性强，森林土壤比无林地土壤得到的水分多。根据观测，森林土壤平均每年比田间土壤要多获得 107 毫米的水分。

在草原地区种植森林以后，土壤湿度就有显著地增加，地下水位也随着上升。如在俄罗斯沃龙涅什省的草原，在涨春水时，草原中地下水位约为 73 毫米；在森林带之间的田地约为 91 毫米，而在森林带内，则约为 165 毫米。在干旱的年份，无林地土壤的地下水位降低很快；而在森林下的地下水位却不会突然下降，一般等到干旱的次年才会下降。假使干旱的次年降水量较多，那么森林土壤中的地下水就很容易得到补充，旱象就不显著。所以无林地地下水位的变化往往很大，而在有森林的地区，因为森林的调节作用，地下水位在一年中变化较小，地下水流动很慢，通常一年只流动 2 千米。它缓缓地流入河、溪、湖、海里去，或以泉水状或以各种自流井水状自地内冲到地面上来，成为大地水分循环的一部分。

在俄罗斯北方多沼泽的地区，地面温度低，蒸发弱，地下水位极高，种植森林以后，由于森林根系在土内吸收了大量的水分，通过叶子的蒸腾作用，将这些水分化为水汽，进入到空气中去，这样就会逐渐使地下水位降低，防止地面沼泽化。

由此可见，森林也是土壤湿度的调节者。在地面水分循环中，森林起着很大的作用。我们很清楚地看到这样的事实：无数河流，每年从陆地上把千百亿立方米的水带到海洋里去，在阳光的照耀下，这些水不断地蒸发为水汽，进入到大气中来。海洋气流又把这些水汽送至大陆上，经过一定的过程，以雨、雪等形式下降，完成自然界的水分循环。这种循环，基本上就是海洋与大陆之间水分的交换，又称做水分的大循环。就大陆的角度来讲，被江河送到海洋里去的水，在水分收支中算是支出。而由于蒸发作用，以雨、雪或其他降水形式来到大陆降落的水，算是收入。

濒临大陆的海平面，并没有多大的变化。因此可以推想，流经广阔的海洋并在那里蒸发的水量，与以雨、雪或其他降水形式降落到大陆上的水量之间，有某种均衡的趋势。自然界中的水分收支，应当是平衡的。但是经过直接观测和计算，这种均衡的趋势并不存在。例如欧洲和小亚细亚，每年平均降水总量约为7034立方千米，而流入海洋并在那里蒸发的水量，只有2828立方千米，两者的差额很大。

为什么会有这么大的差额呢？这就是水分循环次数的问题了。由海洋来到大陆的水分，并不是一次而是两次，有时是更多次地参加降水过程。海洋气流中的水汽，凝结成为降水后，并不是立即地，也不是完全地流到河中、海中，而是被植物和从蓄水库的表面蒸发到大气中去，因而它再次凝结成云，下降成雨或雪，落到地面上来，增加降水的数量。

这种水分循环，叫做内部水分循环，又可以叫做水分小循环。森林能够截留一部分降水，在林冠上和枝干上蒸发，减少径流，增加土壤水分，通过根的吸收，叶的蒸腾，又化为水汽，进入到空气中去，使空气的湿度变大，改变气流的构造，加速降水的过程。这种种作用，都使得内部水分循环的次数增多。

森林对气温的影响

森林里光热的强度

日光热是地球上热量的主要来源。森林区域因为森林覆盖着大地,阻拦了太阳辐射,使到达林中的太阳能大大地减弱。林中所得的太阳能既然减弱了,林中气温的变化也就特殊了。所以在谈林中气温变化之前,有必要先说一说太阳光照达森林后所引起的各种反应。

日光热是森林热量的主要来源

森林区域对阳光发生阻碍的部分是林冠。林冠对于太阳辐射来的阳光会起多种反应:有的被反射,有的被林冠吸收,其余的部分才能透过林冠到达森林的内部。一般来讲,假定以到达林冠上的日光算作100%,那么,由林冠反射而出的日光大约是20%~25%,林冠吸收的日光大约是35%~75%,透过林冠能到达森林内部的日光仅约占5%~40%。由此可以看出,太阳能在林冠区域损失的数量较多,林下所得的数量是比较少的。

太阳辐射出来的光线,如果用三棱镜分解,可以得出红、橙、黄、绿、青、蓝、紫七色。在此七色中,以红色光波较长,紫色光波较短。地面上受到太阳光辐射后,又由地面把光热辐射而出。这个辐射而出的光波,更长于太阳光的红色光波。因此,太阳辐射的光,是短波辐射,而地面辐射的光热,是长波辐射。

在前面章节中我们提过,森林区域的空气,林冠以下二氧化碳的数量逐渐增加,同时森林区域水汽比较多。它们对于太阳辐射能会起不同反应。以二氧化碳来讲，它能使日光短波辐射相当顺利地通过，而对于地面长波辐射却发生阻碍作用。以水汽来讲，它能吸收地面长波辐射的热量。因此，森林中二氧化碳及水汽对于日光热所起的反应，不是一个简单的过程。一方面，由于林冠的阻碍，林内得到的日光热较少。但另一方面，二氧化碳及水汽起着保护作用，顺利地让太阳能进来，却阻碍了地面辐射出去。所以森林中得到的太阳能虽少，但是还能充分利用。

以上所述的是一般的情况。森林的林冠并非都是一样的：有的枝叶茂盛，林冠密；有的枝叶较少，林冠疏。疏密的情况不同，透过林冠到达林下的太阳能的数量就有参差。森林林冠的疏密通常是用密闭度来表示的。密闭度就是在森林中看天光的部分占林冠部分面积的比例。因此，密闭度大小，是直接影响林下所得太阳能的数量的。根据资料，可以很明显地看出这个情况。它是以完全受光地的光照强度为100计算的。因为林冠密闭度不同，林下所得光能的百分比也不同。

这种情形，同我们夏季在阳光下行走时头戴草帽一样。如果戴一顶好的草帽，阳光就照不到我们脸上；如果戴一顶破的草帽，就会有很多阳光透射到脸上。草帽的好坏可比之于林冠的密闭度。透到脸上的阳光可比之于林下所得的光能。

有一个问题，那就是林冠的密闭度为什么有大有小呢？

这是由树木的年龄和品种等因素决定的。

以树木的年龄来讲，树木的年龄不同，需要的光热量就不同，因而光热通过林冠被吸收的数量，以及达到森林内部的数量就会有所不同。根据实际观测，17年树龄的树，有很密的树冠，透到林冠以下的光热量，很少达到外界光热量的10%；但是在树龄增加之后，林内所得的光热反而较多。120年树龄的树，林内所得的光热量，可达外界光热总量的30%~35%。这是由于树木生长最盛的时期需要光热量较多，林冠部分吸收量较大，因而透到林下的光热量较少。

同样原因，季节不同，天气状况不同，林中所得的光热量也是不同的。根据下面的纪录，可以看出这个情况来。

观测的时期	林中所得光热量与无林地的百分比（%）		
	针叶树林	混合树林	阔叶树林
4月底萌芽之前	8	22	51
5月底萌芽之后	7	14	23
9月底叶子变色之前	4	4	5

季节不同，林冠密闭度不同，林内所得的光热量就不同。夏季白昼中森林内部地面得到的光热量，只有田野中或林冠上部光热量的10%左右，而林冠阻碍的太阳能，达到90%左右。到了9月底，林冠的密闭度已到盛极将衰的时期，所以林内所得的光热量最少。

其次，树种不同，林内所得的光热量也是不同的。下面的表格可以证明。

树种		林内光度与林外光度的百分比（%）	
		无叶时	有叶时
落叶树	红山毛榉	26~66	2~40
	橡树	43~69	3~35
	白蜡树	39~80	8~60
	赤杨		20~30

树种		林内光度与林外光度的百分比（%）	
		无叶时	有叶时
常绿树	冷杉		2~20
	云杉		4~40
	苏格兰松		22~40

根据上面所说的各点，我们可以知道，季节不同，树种不同，林下所得的光热量就不同。这就大大地影响了林内的气温。

森林区域不但能改变光的强度，而且能改变光的成分。

森林所吸收的光线，主要是红、橙、黄、紫、蓝、青等光线。对绿色光线，吸收较少，反射较多，这就是森林中光线呈绿色的原因。树木在分解二氧化碳和形成叶绿素时，需要红光。在生长和形成幼芽时，需要紫光、蓝光和青光。树木制造有机物的主要器官是叶子。而幼芽也是在靠近叶子的地方生长的。林冠部分叶子最多，因此这些光线多半已被林冠部分所吸收了。这样，就使得林冠以下光线的成分也改变了。

在夏季，林冠最密，大部分光热已在林冠部分消耗掉，传到林内的光线，以绿光为最多，所以盛夏徘徊于绿荫深处，颇觉凉爽。

总的讲来，太阳照在森林里，由于林冠的阻碍，林下的光线不但强度减弱，而且成分也会改变。减弱及改变程度的大小，决定于树龄、树种及季节等条件。

森林中所得光热的强度及成分不同于无林地，反映在气温方面的情况也就不同。

森林里气温的昼夜变化

森林区域气温的昼夜变化，不同于无林地区。无林地区太阳直接照在土壤上，地面上气温的变化完全受土壤温度变化的影响。森林区域太阳照射在树木上，尤其是林冠上，森林内部所得的光热量较少。所以林内与林冠部分气温完全不同。

有学者曾对一片树龄 115 年的森林进行观测，发现森林在日出时、早晨、午后、黄昏四个时期气温变化的情形不同。

日出前，因为森林林冠经过长期的辐射放热，在距地 23 米的林冠处，温度最低。在林冠以下，因为林冠阻碍，林内热量不易放出，接近地面的地方，气温最高。所以，森林内近地面的气温，高于林冠表面的气温。

日出时，在距地面 27 米处的林冠上，开始受到阳光的照射，就渐渐地热起来了，温度开始向上升。1 小时后，由于太阳渐渐升高，林冠上所得的热量较多，因而林冠上的气温升高得最快。但此时林内地面还是比较冷，气温没有多大变化。所以林冠表面的气温于林内相差很大，有 5℃之多。

到了 8 时左右，由于太阳较高，稠密的林冠已经吸收了大量的热量。因此，在 23 米处林冠内的气温，几乎与林冠上的气温相等。到了日出三时以后，由于全部森林吸收到热量，气温才开始全部升高。但是因为林冠上较冷的空气不断地下沉，以致 27 米及 23 米处的气温相应地发生强烈的波动。不过，这种情况不会影响到森林的内部，所以林内气温还是比较稳定的。

到了午后，23 米处林冠内气温最高，林冠以上的自由大气以及林冠以下森林内部的气温均较低。此时，由于林冠上对流强，气温的变幅大，气温波动很大。但在林冠以下，气温的变幅已逐渐变小了。离地面3米处气温，已十分稳定，热量的收支已接近平衡状态了。

到了下午，各处气温都呈下降趋势。早晨各处气温由低升高，下午又由高降低。早晨日出后，地面受热，空气有涡动对流作用，打破了森林中冷空气成层的现象。到了晚上，由于冷却的关系，又造成冷空气成层的现象。从气温变化幅度来看，上午气温上升趋势比较剧烈，下午下降趋势比较和缓。

总的来说，根据森林区域气温的日变化，可以得出以下几点结论：

（1）林内气温变化和缓，林冠气温变化剧烈。所以日较差林内较小，林冠部分较大。

（2）白天林冠气温最高，夜晚林冠气温最低。最高、最低气温，均发生在林冠表面上。这是因为林冠阻碍太阳热力及林冠上的冷空气，使它们不容易透入林中。

可是在密闭度小的森林中，情况就不是这样。因为密闭度小，枝叶间的空隙多，冷空气容易下沉，放热比较容易。最低气温往往发生在林冠以下，甚至发生在林中地面上，如松树林。

（3）森林中气温各部分是不相同的，都呈层状的分布。白天由林冠到林中地面，气温逐渐降低。到了夜间直至日出之前，由林冠到林中地面，气温反而逐渐升高。在密闭度小的森林中，上下气温分布是比较均匀的。

林冠以上的自由大气，气温变化的情况就不是这样，它是始终高于林内地面气温的。

午后1时左右，林冠以上的气温，同森林内地面上的气温较差最小。这是由于午间对流强，内外热量交换比较便利所致。一日中有两次较差最大：一次在早晨，一次在黄昏。因为晨昏时太阳高度较低，对流不强。到了夜间，气流平静，林冠不断地向上面的自由大气放热，所以同林内近地面气温相差不大。

总之，森林区域，在一日之内气温的变化，林冠以上、林冠内、林冠以下，情况都是不相同的。

森林里气温的季节变化

森林区域在白天由于林冠的阻碍，太阳光不能直接照射到林内，在夜间又由于林冠的阻碍，热量不易放出。因此，在一日的气温变化中，它在白天降低了最高温度，在夜间提高了最低温度，对于气温的升降，森林起了缓和的作用。在一年的气温变化中，它的影响也是如此的。

夏季白天在受热的时期内，林内的气温往往较无林地低，其温差可达8℃～10℃。以月平均气温来讲，6月和7月温差数最大，可达1℃或2℃。在冬季散热最强的时期中，林内气温往往高于无林地0.5℃～1℃。由于夏季温差数大，冬季温差数小，所以年平均气温是低于无林地的。资料显示，林内年平均气温是3.4℃，而草原年平均气温是3.7℃。可见森林对气温的影响是降低地面受热作用比减弱散热作用更强，也就是使夏季凉爽的效应比冬季增暖的效应显著。

以一年四季昼夜的情况来讲，那就更复杂了，可从后面的图表看出来。

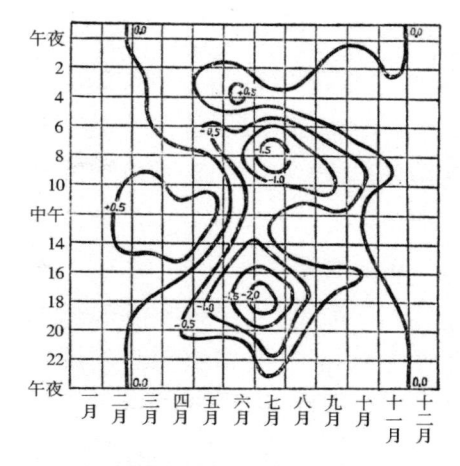

森林里气温的季节变化图表

在冬季，自12月份到2月份，森林中整个昼夜气温都高于无林地，但是相差很小。这是因为冬季没有树叶，树枝、树干都可以吸收日光热，吸热面比无林地大。到了晚间，放热又不及无林地强，因而这几个月昼夜气温都高于无林地。

到了春季，由3月到5月，夜间气温比无林地低（5月份2时至4时稍高），但是白天却比无林地高。图上0℃的等值线表明二者气温没有差异的时间。正数的等值线表明林中气温高于无林地。负数的等值线表明林中气温低于无林地。

在3月份，夜间2时到5时左右，森林中气温与无林地气温相同（0℃等值线，正好在此时经过）。5时以后，到18时以前，即白昼时间，森林中温度比无林地高。下午18时以后，到夜间2时以前，森林中温度反较无林地稍低。

在4月份，0℃等值线在上午7时和17时两次通过。这就表示在7时到17时前这一段时间，森林中气温比无林地低。

5月份的情况比较复杂，在8时以后到15时以前这七个小时内，森林中的气温比无林地高。另外在夜间2时到4时许，森林中气温亦稍高。其余时间都较无林地低。

由此可见，春季各月都是白天森林中气温比无林地高。原因是在没有树叶的时候，太阳光能够充分地透入林内；这充足的太阳光热不仅被土壤表面所吸收，而且也被树干、枝条和枝干所吸收。林中空气不但由于和土壤接触而获得热量，而且又由于和晒热了的树干、枝条与枝干的接触而获得热能，所以气温较无林地高。再加以森林中通风不畅，空气对流比无林地弱，更足以促进白昼林中气温的增高。在仲春季节晴天接近中午的时候，叶子脱落的树木阳光透入最强，林中气温会比无林地高出1.5℃~2℃。

到了夏季和9月份、10月份的一部分时间内，林中气温和无林地的差异比较复杂。白天因为森林有稠密的林冠，阻碍了日光照射，以致林中所得热量比无林地少，气温也就比无林地低。所以二者气温差数的等值线，在这一段时间内都是负数。

在日出以后，无林地因为没有遮蔽，地面很快地增热，气温也随之迅速地上升。但是森林中因为枝叶茂密，阳光透入不多，所以空气增暖很慢。因此，森林中的空气温度，比无林地中的空气温度低。在上午七八点钟前，差异最大。在7月间，太阳光热最强，无林地的气温更高，差值更大，在-1.5℃以上。

从上午8点钟起，无林地的地面已晒得很热。接近地面的热空气受热后体积膨胀，密度变小，就发生上升运动。上层冷空气密度大，因而下沉。空气的对流作用很旺盛，上下层的气温因为这种对流涡动而调和。森林中地面获得的热量虽不如无林地多，但因缺乏对流作用，热量的交换不旺盛，下层气温与无林地中气温的差异因而减少。

中午无林地上空气垂直对流和涡动作用强度最大，空气上下对流的速度最快。热量分散了，下层气温就不致急剧地升高。因此，这时候森林和无林地中空气温度的差异最小。

中午以后，太阳高度角逐渐变小，地面所受太阳光热逐渐变弱，气温也就逐渐降低，无林地上下层的气温差别变小。上升气流因此减弱，直至停止。无林地空气层的上下交换作用微小了，下层气温就比森林中暖热。森林中和无林地中气温的差异，因此又逐渐增加。到了16时至18时，二者温度的差异又重新达到最大值，而且因为下午热量积累的关系，无林地中气温高出森林中气温的数值比上午更大。在7月份达到2℃以上。8月份和9月份因为太阳高度角较小，光热较弱，二者的差异就没有7月份大。

自16时到18时，由于无林地强烈地放热冷却，气温逐渐降低。而林中气温，因为热量不易放出，就由负较差逐渐达到平衡而转为正较差。在一年中，日出前最大较差是0.5℃，发生在6月份上午4时左右。这是由于这时太阳的高度角最大，林中在白天所积蓄的热量较多，所以到了夜间气温较高，较差也最大。

总的说来，森林中气温冬季比无林地高，夏季比无林地低。冬暖夏凉，所以说森林是气温的调节者。

第五章　森林群落类型及地理分布

地史变迁与森林植物群落演化

我们今天所见到的包括森林在内的植被分布，只是植被分布史上的一个小片段。古生态学及植物地理学等学科的研究发现，自后古生代森林形成以来，森林植被及其分布格局始终处于动态变化之中，特别是距今一万两千年来，植被发生了巨大的变化。植被的历史变迁有时是突然发生的，多数时候则是随着时间的推移而逐步进行的。无论是哪一种变化都是气候与地史变迁的集中反映，同时提示我们随着环境的演变，将来的森林也会发生相应的变化。

静态地看，森林分布则是森林植物区系对特定地区环境条件的综合反应，是二者长期相互适应的结果。也就是说，某一地带的森林类型或植被类型是与环境，主要是与气候密切相关的。气候条件对植被产生直接的影响，并通过土壤产生间接影响。土壤与植被的关系相当密切，可以把它们看作统一体，它们的性质依赖于气候、母岩对土壤产生影响，而植物区系则对植被产生作用。

森林群落的演化与演替是两个完全不同的概念。"演化"指的是森林植物群落的历史进化过程。现有一切森林植物群落类型都是自然界长期历史进化发展的产物，是在长期的演化过程中逐渐形成的。森林分布是地史变迁与森林植物群落演化的结果。

森林植物群落的演化，一般通过吸收式演化和分化式演化两种途径实现。所谓吸收式演化途径是新群落型在各个加入者的接触点上的形成过程。该过程从加入的新群落中获得的森林植物种及其复合体，在形成新群落的时候，由于扩大了对改变了的生态环境的适应性而获得进一步演化的新动力。几个不同森林植物群落的接触，往往造成在演化上年轻的群落出现。分化式演化途径与吸收式演化途径相反，是一个群落型分化成几个衍生群落类型的过程。通常都是一个包含多个优势乔木种的非常复杂的大群聚，分化成几个由一个或少数几个乔木种占优势的群丛。

两种演化过程经常结合在一起。多优势种的原始植被类型以及它们的分化产物，都受到周围植被类型的影响，后者在一定程度上都起着加入者的作用。

森林植物群落演化的推动力主要来自地质变迁和气候变化。

现代森林的祖先是希列亚群落，最早出现在石炭纪，以裸子植物和古羊齿植物为主构成。二叠纪结束时，海底扩张，原始古大陆开始分离，亚欧大陆南缘形成古地中海，巨大的造山运动发生，气候也发生了从温暖到寒冷的剧烈变化，古羊齿植物灭绝，只保留了裸子植物，并在三叠纪时期形成了大面积的古针叶林。此后，从侏罗纪到白垩纪，地球表面的气候持续变暖，被子植物迅速发展，并以其高度的可塑性及多样的生活型形成垂直分化复杂的多层结构的森林植物群落。它们就是现代森林植物群落的主要组成者。

从白垩纪到新生代第三纪，地球上又一次出现大规模的造山运动，现代的最大山系都是在这个时期形成的。地球上的气候也进一步发生改变，表现为热带和亚热带气候范围不断扩张。植被带也相应地发生着变化。地球上出现了两个外貌不同的植被带：一个是温暖潮湿气候条件下的常绿林带，另一个是雨量适中并有季节交替的气候条件下的落叶林带。

大约 200~300 万年前，第四纪冰川运动开始。冰川时进时退，进时气候变冷，退时气候转暖。喜温森林的树种组成受到明显影响，出现了大量的针叶树种和狭叶树种，寒温带针叶林就是在这个时期形成的。典型的阔叶树种退向南方，并在森林带的南缘形成森林草原。受第四纪冰川运动的影响，第三纪早期形成的典型森林树种从欧洲大陆销声匿迹，在少数受冰川影响较小的地区作为孑遗树种留存下来。

森林的地理分布规律

森林是植物区系与阳光、热量、水分、氧气、二氧化碳及矿质营养等相互联系、相互作用的结果。因此，决定其地理分布的要素包括气候条件、土壤条件等，尤其是气候条件中的大气热量与水分状况对森林的地理分布有着极为深刻的影响。

由于热量与水分状况在地球表面分布的规律性，致使植被在地理分布上也呈现出相应的地带性规律，包括纬度地带性、海陆分布地带性和山地垂直地带性。纬度地带性决定于纬度位置所联系的太阳辐射和大气热量等因素；海陆分布地带性决定于经度位置距离海洋的远近所联系的大气水分条件；山地垂直地带性受水平地带性的制约，决定于特定水平位置上。由于海拔高度所联系的热量与水分条件，垂直地带性、纬度地带性与海陆分布地带性一起被称为植被分布的三向地带性规律。

森林的水平分布

受经、纬度位置的影响所形成的森林分布格局，称为森林的水平分布。森林分布格局中森林类型从低纬度向高纬度或沿经度方向从高到低有规律的分布，称为森林分布的水平地带性，包括纬度地带性和海陆分布地带性。

世界森林分布的水平地带性

世界范围内森林分布的水平地带性非常明显。以赤道为中心，向南向北依次分布着热带雨林、亚热带常绿阔叶林、温带落叶阔叶林、寒温带针叶林等。

水平地带性中有的时候是纬度地带性更明显，有时候则是经度地带性更加突出。比如在非洲大陆上，纬度地带性尤为明显；北美洲中部地区，东面濒临大西洋，西面是太平洋，自大西洋沿岸向东，依次出现常绿阔叶林带、落叶阔叶林带、草原带、荒漠带，抵达太平洋沿岸时又出现森林带，明显地表现出经度地带性。

我国森林分布的水平地带性

我国地域辽阔，南起南沙群岛，北至黑龙江，跨纬度约49°，大部分在北纬18°~53°之间，东西横跨经度约62°。气候方面，自北向南形成寒温带、温带、亚热带和热带等多个气候带。东部受东南海洋季风气候的影响，夏季高温多雨，西北部远离海洋，是典型的内陆性气候。

与此相对应，我国森林水平分布具有两个特点。其一，自东南向西北，森林覆盖率降低，依次出现森林带、草原带和荒漠带，表现出一定的海陆分布地带性。其二，从最南端的热带到最北部的寒温带，随着地理纬度的变化，森林植被可划分成热带雨林和季雨林带、亚热带常绿阔叶林带、暖温带落叶阔叶林带、温带针叶落叶阔叶林带和寒温带针叶林带，表现出非常明显的纬度地带性。

根据水平分布，我国可以划分为8个植被区域，集中体现了森林分布明显的水平地带性规律：

寒温带针叶林区域。该林区位于大兴安岭北部山区，是我国最北的林区，一般海拔300~1100米，地形以丘陵、山地为主。本区域年均温0℃以下，冬季长达7个月以上，生长期只有90~110天，土壤为暗棕色森林土。本区域以落叶松为主，林下草本灌木不发达。

温带针阔叶混交林区域。本区域包括东北松嫩平原以东、松辽平原以北的广大山地，南端以丹东为界，北段以小兴安岭为界。全区域形成一个"新月形"，主要山脉有小兴安岭、完达山、张广才岭、老爷岭和长白山等，海拔大多数不超过1300米，土壤为暗棕壤。本区域受日本海影响，具有海洋型温带季风气候特征，冬季长达5个月以上，年均温较低，典型植被为以红松为主的针阔叶混交林，除此外，在凹谷和高山也有云杉和冷杉等的分布。

暖温带落叶阔叶林区域。北与温带针阔叶混交林接壤，南以秦岭、淮河为界，东为辽东半岛、胶东半岛，中为华北和淮北平原。整个地区地势平坦，海拔在500米以下，本区域主要群种有栎、杨、柳、榆等，但主要是次生林，原始林几乎不再存在了。本区域气候温暖，夏季炎热多雨，冬季严寒干燥，黄河流域是中华民族的发源地，植被经数代人为活动的破坏和垦殖，森林的比重很少，多栽培植物。

亚热带常绿阔叶林区域。北起秦岭、淮河，南达北回归线南缘，本区域包括我国华中、华南和长江流域的大部分地区，气候温暖湿润，土壤为红壤和黄壤。常绿阔叶林是本区域具有代表性的类型，壳斗科、樟科、山茶科等的树种为优势树种，次生树种有马尾松、云南松和思茅松等，栽培树种有杉木等，本区域也是我国重要的木材生产基地和珍稀树种集中分布区。

热带季雨林、雨林区域。本区域是我国最南端的植被区，区域内湿热多雨，没有真正的冬季，年降雨量高，土壤为砖红壤。热带雨林没有明显的优势树种，植物种类繁多，成分多样，结构复杂。

温带草原区域。本区域主要位于松辽平原、内蒙古高原、黄土高原、阿尔泰山山区等，以针茅属植物为主的植被类型，气候特点是干旱、少雨、多风、冬季寒冷。

温带荒漠区域。本区域包括新疆准噶尔盆地、塔里木盆地，青海的柴达木盆地，甘肃与宁夏北部的阿拉善高原等。本区域气候极端干燥，冷热变化剧烈，风大沙多，年降水量低于200毫米。本区域特点是高山与盆地相间，只能生长极端旱生的小乔木，如梭梭、白梭梭、骆驼刺、苔草、沙蒿、沙拐枣等。

青藏高原高寒植被区域。我国西南海拔最高的地区，气候寒冷干燥，4000米以上地区多为灌丛草甸、草原和荒漠植被。

森林的垂直分布

既定经纬度位置上，海拔高度的变化将导致气候条件的垂直梯度变化，植被分布也因此而产生相应的改变。独立地看，在地球上任何一座相对高差达一定水平的山体上，随着海拔升高，都会出现植被带的变化，体现出植被分布垂直地带性规律。垂直地带性不是从属于纬度地带性和经度地带性的，三者一起统称为三向地带性。

森林垂直带谱的基带植被是与该山体所在地区的水平地带性植被相一致的，例如，某一高山位于亚热带平原地区，则森林垂直分布的基带就只能是亚热带常绿阔叶林，而不可能是热带雨林。

山体随海拔升高出现的垂直森林带谱与水平方向上随纬度增高出现的带谱一致。以我国东北地区的长白山为例，随着海拔升高，依次出现以下植被类型：250～500米落叶阔叶林带（杨、桦、杂木等）；500～1100米针阔叶混交林带（红松、椴树等）；1100～1800米山地针叶林带（云杉、冷杉等）；1800～2100米山地岳桦林林带；2100～2400米高山灌丛带（牛皮杜鹃、沙冬青等）；2400米以上为高山荒漠带。

从长白山往北，随纬度增高，森林类型也出现类似的带状更替。

在同一纬度带上，经度位置对植被的垂直分布也有着重要的影响。比如天山与长白山同处于42°N左右，但由于天山所处经度位置为86°E左右，长白山处于128°E左右，两者的垂直带谱有着明显的区别。长白山由于距离大海较近，植被基带较复杂。天山处于内陆，为荒漠植被区，其植被的垂直分布带谱为：500～1000米荒漠植被带；1000～1700米山地荒漠草原带和山地草原带；1700～2700米山地针叶林（云冷杉）带；2700～3000米亚高山草甸带；3000～3800米高山草甸垫状植物带。

但是在我国的西南部，经度

天山雪岭云杉林

位置对海拔高度地带性的影响正好相反。由于受到横断山脉的影响，我国西南部地区，自东向西雨量剧减，相似的垂直植被带所处海拔高度在西部山体反而较低。

总之，随着海拔的升高，从基带往上一般表现出植被类型更简单的特征。一般情况下，水、热条件正常分布，自山下至山上或者自低纬度到高纬度，气候条件方面有相似之处，因此，在水平地带和垂直地带上相应出现了在外貌上基本相似的植被类型。在森林的水平地带性和垂直地带性这对关系中，水平地带性是基础，垂直地带性基本上是重复水平地带出现的植被类型。

世界的森林分布

通过前面的介绍，我们已经知道了各种森林植被类型，如温带地区的落叶林、寒带地区的针叶林和热带地区的雨林等。显而易见，森林植被分布与地理环境条件密切相关，尤其是气候和地貌在全球范围内的分异极其深刻地影响着森林植被的类型及其分布。气候资源中又以水分因子和温度因子与植被分布的关系最为密切。

气候特征决定了区域植被类型的基本特征。因此，与全球气候分布格局相对应，地球表面不同的区域分布着具有不同特征的植被类型。

目前世界森林覆盖了地球约30%的土地，即约4500万平方千米，且在全球分布不均匀。其中，欧洲（包括俄罗斯）的森林面积最大，约占世界森林面积的25%，居世界首位；第二位是南美洲，森林面积约占世界森林面积的21%；第三位是北美洲和中美洲，森林面积约占世界森林面积的19%；非洲居第四位，森林面积约占世界森林面积的16%；亚洲森林面积稍小于非洲，森林面积约占世界森林面积的15%，居世界第五位；第六位是大洋洲，森林面积约占世界森林面积的5%。就森林覆盖率而言，从高到低依次为南美洲、欧洲、北美洲和中美洲、大洋洲、亚洲。

从生态地区分布来看，热带地区覆盖有最大面积的森林

（45%），其次是寒带（27%）、温带（16%）和亚热带（11%）地区。

下面将以大的气候带为单位，对热带雨林、北方针叶林、落叶阔叶林及常绿阔叶林等地球上主要的森林类型及它们的分布情况进行概略介绍。

热带雨林

热带雨林在赤道带有广泛的分布，集中的分布区域包括中南美洲热带雨林区、印度－马来热带雨林区和非洲热带雨林区。

热带雨林分布区的气候具有两个非常明显的特征，一是高温，另一个是高湿。这种气候条件下，植被最明显的特点是物种多样性高，层次复杂，生物量大。科特迪瓦有树种 600 多种，马来西亚半岛树种超过 2000 种，亚马孙盆地树木平均密度为 423 株/公顷，分属于 87 个种，马来群岛地区每公顷也达到 200 多种。

热带雨林树木叶常绿，具湿生特性，至少有 30 米高，但通常会更高些，富于粗茎藤本。木本和草本的附生植物多，通常是由较少或无芽体保护的常绿树组成，无寒冷亦无干旱干扰，个别植物仅短期无叶，大多数种类的叶子具滴水尖。

典型的热带雨林主要限于赤道气候带，其范围大致是在赤道两侧 10°范围内，但是，热带多雨气候并不能围着赤道形成一个连续的带，而在某些部位被截断了，因而，热带雨林也就不能围着赤道形成一个连续分布带，但在某些地区则又超出了赤道多雨气候带的范围。在几内亚、印度、东南亚等具有潮湿季风的区域，只在夏天显示出一个发展特别好的雨量高峰，并有一个短暂的干燥期或是干旱期，但植被依然由雨林组成，虽然落叶和开花明显地与这个特殊季节有关。这类热带雨林可称为季节性雨林。同时，东南信风是潮湿的，它使巴西东部、马达加斯加东部、澳大利亚东北部，从赤道到 20°S，甚至超出这个范围，形成雨林气候并分布着热带雨林。热带雨林分布在赤道及其两侧的湿润区域，是目前地球上面积最大、对维持人类生存环境起作用最大的森林生态系统。

绿色的呼唤
——从森林看环境与气候

热带雨林盘根错节的根系

热带雨林区多终年高温多雨，年平均气温为25℃～30℃，年温差小，平均为1℃～6℃；空气湿度大；年降水量高，平均为2000～4000毫米，全年均匀分布，无明显旱季。

热带雨林的土壤多为砖红壤，土壤贫瘠，腐殖质含量往往很低，并只局限于上层，缺乏盐基也缺乏植物养料，土壤多呈酸性，pH值为4.5～5.5。森林所需要的全部营养成分几乎贮备在地上植物中，每年都有一部分植物死去，并很快矿质化，所释放的营养元素直接被根系再次吸收，形成一个几乎封闭的循环系统。

热带雨林有着很鲜明的特征。热带雨林最重要的一个特征就是具有异常丰富的植物种类。热带雨林里植物种类繁多主要是因为其具有适于植物种迅速发展的条件，特别是拥有四季都适合于植物生长和繁殖的气候。据统计，组成热带雨林的高等植物在45000种以上，而且绝大部分是木本植物。如马来西亚半岛一地就有乔木9000种。除乔木外，热带雨林中还富有藤本植物和附生植物。

热带雨林中，每个种类均占据自己的生态位，植物对群落环境的适应，达到极其完善的程度，每一个种类的存在，几乎都以其他种类的存在为前提。乔木一般可分为三层：第一层高30～40米以上，树冠宽广，有时呈伞形，往往不连接；第二层为20～30米，树冠长与宽相等；第三层10～20米，树冠呈尖锥形，生长极其茂密。再往下为幼树及灌木层，最后为稀疏的草本层，地面裸露或有薄层落叶。此外，藤本植物及附生植物发达，成为热带雨林的重要特色。还有一类植物开始附生在乔木上，生出的气根下垂入土，并能独立生活，常杀死藉以支持的乔木，所以被称为"绞杀植物"，这也是热带雨林中所特有的现象。

绞杀植物

在热带雨林中有真菌与根共生成真菌菌根，能够消化有机物质并且从土壤中吸收营养元素输送到根系中。热带雨林生态系统中菌根在物质循环中发挥了积极作用，这一状况表明雨林生态系统中是依靠了菌根中真菌直接把营养物质送入植物体内的直接循环，而不是靠矿质土壤。

热带雨林中的乔木，往往具有下述特殊构造：①板状根。②裸芽。③乔木的叶子在大小、形状上非常一致，全缘，革质，中等大小，幼叶多下垂，具红、紫、白、青等各种颜色。④茎花：由短枝上的腋芽或叶腋的潜伏芽形成，且多一年四季开花。老茎生花也是热带雨林中特有的现象。⑤多昆虫或鸟类传粉。

组成热带雨林的每一个植物种类都终年进行生长活动，有其生命活动节律。乔木叶子平均寿命13～14个月，零星凋落，零星添新叶，多四季开花，但每个种都有一个较明显的盛花期。

在热带雨林中，高位芽植物在数量上显然是占有绝对优势，而在温带森林和草原中占有优势的地面芽植物则几乎不存在，一年生植物除偶见于开垦地和路旁外也几乎不存在，附生植物却有较高的比例。热带雨林的生活型谱，显然是反映了其无季节性变化气候特点。而由于常绿树冠层所造成的终年荫蔽，加上根系的激烈竞争，可能反映出地面植物的贫乏，但长期湿润的大气和高温，可能促进主要是草质的附生植物的发展。

热带林群落结构复杂，形成多样的小气候、小生态，这为动物提供了有利的栖息地和活动场所。动物的成层性也最为明显，生物学家认为在热带雨林中存在着6个不同性质的动物层次。它们是：①树冠层以上空间，由蝙蝠和鸟类为主组成的食虫和食肉动物群。②1~3层林冠中，各种鸟类、食果蝙蝠类、以植物为食的哺乳类、食虫动物和杂食动物。③林冠下，以树干组成的中间带，主要是飞行动物的鸟类及食虫蝙蝠。④树干上，以树干附生植物为食的昆虫和以其他动物为食的攀缘动物。⑤大型的地面哺乳动物。⑥小型的地面动物。

热带雨林中生物资源极为丰富，如三叶橡胶是世界上最重要的橡胶植物，可可、金鸡纳等是非常珍贵的经济植物，还有众多物种的经济价值有待开发。开垦后可种植巴西橡胶、油棕、咖啡、剑麻等热带作物。但应注意的是，在高温多雨条件下有机物质分解快，物质循环强烈，一旦植被被破坏后，很容易引起水土流失，导致环境恶化，而且在短时间内不易恢复。因此，热带雨林的保护是当前全世界关心的重大问题，它对全球的生态效益都有重大影响，例如对大气中氧气和二氧化碳平衡的维持具有重大意义。

季雨林

季雨林主要分布在热带有周期性干、湿季节交替地区的地带性森林类型，是热带季风气候区

三叶橡胶树

季雨林

的一种相对稳定的植被类型。与热带雨林分布区相比，季雨林分布区的气候特点为旱季明显，降雨量少和温差大，通常年平均温度25℃左右，年降雨量800~1800毫米。

季雨林分布在东南亚、南美洲和非洲。季雨林的特征是在旱季部分或全部落叶，具有比较明显的季节变化，其种类成分、结构和高度均不及热带雨林发达。季雨林内藤本和附生植物数量大为减少。季雨林多为混交林，组成树种有柚木、木荚豆、龙脑香、紫薇、青皮、华坡垒、荔枝、尖叶白颜树、鸭脚木、厚皮树、木棉、擎天树、蚬木、黄檀、紫檀、娑罗双等。

北方针叶林

北方森林也称泰加林，主要分布于北半球中、高纬度地区及中纬度地区亚高山地带，是地球表面针叶林的主体。此外针叶林还分布在南美洲、非洲及亚洲部分高山地区。北方森林分布区内的气候特点是冬季寒冷、漫长；一年中温度超过10℃以上的时间仅1~4个月，最暖月平均气温10℃~20℃，年温变幅达100℃；年降雨量约300~600毫米，蒸发量也很小；大陆性气候明显。

北方针叶林生长在冰碛起源的薄层灰化淋溶土上，物种单一。在欧洲，优势树种分别是苏格兰松和云杉；在西伯利亚地区是云杉、冷杉和各种落叶松；在北美组成地带性植被的是各种松类，在阿拉斯加为云杉。北方针叶林内灌木和草本都很少，常常形成纯林与沼泽镶嵌分布的形态，其中云杉林、冷杉林称为暗针叶林，因为它们常绿且较耐荫，终年林内光照不足，郁闭度高；落叶松林称为明亮针叶林，落叶松冬天落叶，林下光照增强。

北方针叶林

北方森林树木干形良好，树干通直，易于采伐加工，是世界上重要的木材生产基地。但是北方针叶林系统内物质循环速度慢，地被物层厚，分解周期长，因而生产力很低，一般情况下，只相当于温带森林的一半。

北方针叶林的动物有驼鹿、马鹿、驯鹿、黑貂、猞猁、雪兔、松鼠、鼯鼠、松鸡、榛鸡等及大量的土壤动物（以小型节肢动物为主）和昆虫，后者常对针叶林造成极大的危害。这些动物活动的季节性明显，有的种类在冬季南迁，多数在冬季休眠或休眠与贮食相结合。年际间波动性很大，这与食物的多样性低而年际变动较大有关。

落叶阔叶林

落叶阔叶林又称夏绿阔叶林或温带落叶阔叶林，是温带湿润半湿润气候下的地带性植被类型之一。落叶阔叶林分布于北纬30°~50°的温带地区，即北美大西洋沿岸、西欧和中欧海洋性气候的温暖区域和亚洲的东部。落叶阔叶林多以混交林形式存在，亦可称温带混交林。

落叶阔叶林是温带、暖温带地区海洋性气候条件下的地带性森林类型，由于分布区内冬季寒冷而干旱，树木为适应这一时期严酷的生存环境，叶片脱落，又由于林内树木夏季葱绿，所以又称为夏绿阔叶林。

世界上落叶阔叶林主要分布在西欧的温暖区域，向东可以延伸到俄罗斯的欧洲部分。在北美洲，主要分布在东部北纬45°以南的大西洋沿岸各州；在南美洲，主要分布在巴塔哥尼亚高原。欧洲由于受墨西哥暖流的影响，西北可分布到北纬58°，从伊比利亚半岛北部，沿大西洋海岸，经英伦三岛和欧洲西部，直达斯堪的纳维亚半岛的南部，东部的西伯利亚泰加林与草原之间

落叶阔叶林

也有一条狭长的分布地带；此外，克里米亚、高加索等地也有分布。亚洲主要分布在东部，中国、俄罗斯远东地区、堪察加半岛、萨哈林岛（库页岛），朝鲜半岛和日本北部诸岛。我国的落叶阔叶林主要分布在东北地区的南部、内蒙古东南部、河北、山西恒山至兴县一带以南、山东、陕西黄土高原南部、渭河平原及秦岭北坡、甘肃的徽成盆地、河南的伏牛山及淮河以北、安徽和江苏的淮北平原等。

落叶阔叶林几乎完全分布在北半球的温暖地区，受海洋性气候影响，与同纬度的内陆相比，夏季较凉爽，冬季则较温暖。一年中，至少有四个月的气温达10℃以上，最冷月的平均气温为-6℃，最热月的平均气温为13℃～23℃，年平均降水量为500～700毫米。在我国，落叶阔叶林主要分布在中纬度和东亚海洋季风边缘地区，分布区内气候四季分明，夏季炎热多雨，冬季干燥寒冷，年平均气温为8℃～14℃，年积温为3200℃～4500℃，由北向南递增。全年无霜期180～240天。除沿海一带外，冬季通常比同纬度的西欧、北美的落叶阔叶林区寒冷，而夏季则较炎热。最冷月平均气温多在0℃以下（-22℃～-3℃），最热月平均气温为24℃～28℃，除少数山岭外，年平均降水量为500～1000毫米，且季节分配极不均匀，多集中在夏季，占全年降水量的60%～70%，冬季降水量仅为年降水量的3%～7%。

森林植被

落叶阔叶林下的土壤为褐土与棕壤，较肥沃。褐土主要分布在暖温带湿润、半湿润气候的山地和丘陵地区的松栎林下，具有温性土壤温度状况，成土过程主要为黏化过程和碳酸盐淋溶淀积过程，表层为褐色腐殖质层，往下逐渐变浅；黏化层呈红褐色，核状或块状结构，假菌丝体，下有碳酸钙淀积层，土壤呈中性或微碱性，pH值≥7。棕壤主要分布在暖温带湿润地区，与褐土一样具有温性土壤温度状况，质地黏重，表层为腐殖质层，色较暗，中部为最有代表性特征的棕色黏化淀积层，质地黏重，呈现明显的块状结构，淀积层下逐渐到颜色较浅、质地较轻的母质层，土壤呈微酸性或中性，pH值为 5.8～7.0，在海拔 1000～3000 米范围内的阔叶林下广泛分布着山地棕壤，除山腰平缓地段土层较厚外，大都薄层粗滑。

落叶阔叶林随着季节变化在外貌上呈现明显的季节更替。初春时，林下植物大量开花是落叶阔叶林的典型季相。在炎热的夏季，由于雨热同期，林木枝繁叶茂，处于旺盛的生长时期；而在寒冷的冬季，整个群落都处于休眠状态，构成群落的乔木全部是冬季落叶的阔叶树，林下灌木也大多在冬季落叶，草本植物的地上部分则在冬季枯死，或以种子越冬。整个群落呈夏绿冬枯的季相。为抵挡严寒，树木的干和枝都有厚的树皮保护，芽有坚实的芽鳞。

东亚的落叶阔叶林包括我国的东北、华北以及朝鲜和日本的北部。落叶阔叶林的结构较其他阔叶林简单，上层林木的建群种均为喜光树种，组成部分单纯，常为单优种，有时为共优种。优势树种为壳斗科的落叶乔木，如山毛榉属、栎属、栗属、椴属等，其次是桦木科中的桦属、鹅耳枥属和赤杨属，榆科的榆属、朴属，槭树科中的槭属，杨柳科中的杨属等。

西欧、中欧落叶阔叶林的种类组成，尤其是乔木层的种类组成极端贫乏是欧洲落叶阔叶林的一个显著特点。欧洲落叶阔叶林的建群种主要有欧洲山毛榉（欧洲水青冈）、英国栎、无梗栎、心叶椴等。林中常见的伴生树种主要有蜡木、槭树、阔叶椴等。

北美东部的落叶阔叶林，由于有利的水热条件，该区域的森林发育良好，种类十分丰富，大致可分为糖槭林与镰刀栎林两种类型。

落叶阔叶林的结构简单而清晰，有相当显著的成层现象，可以分成乔木层、灌木层、草本层和地被层。林内几乎没有有花的附生植物，藤本植物以草质和半木质为主，攀缘能力弱，但藓类、藻类、地衣的附生植物种类很多，它们常附生于树木的皮部，尤其是树干的枝部。

蒙古栎

落叶阔叶林的植物资源非常丰富，林内的许多树种如麻栎、蒙古栎、栓皮栎等材质坚硬，纹理美观，可作枕木、造船、车辆、胶合板、烧炭、造纸和细木工用材。麻栎、槲树等的枝叶、树皮、壳斗中含有鞣质，是提取栲胶的重要原料。许多栎类的橡籽中含有较高的淀粉，如蒙古栎含有大量淀粉，可作饲料或酿酒，壳斗和树皮中富含单宁，可作染料，幼嫩的橡叶为北方饲养柞蚕的主要饲料。蒙古栎、麻栎、栓皮栎等的枝干可以用来培养香菇、木耳、猴头、银耳、灵芝等食用菌。我国落叶阔叶林内的植物种类多样，结构复杂，为野生动物提供了良好的栖息场所和丰富的食物来源。落叶阔叶林中的哺乳动物有鹿、獾、棕熊、野猪、狐狸、松鼠等。森林动物的种类和数量原本很多，但由于长期以来各地的落叶阔叶林受人为干扰和破坏，森林动物的栖息地面积大大减少，致使许多森林动物数量显著减少，许多兽类趋于绝迹，如梅花鹿、虎、黑熊等。与此同时，适应农田的啮齿类动物数量增多；如各种仓鼠、田鼠、鼢鼠等。而以啮齿类为食的小型食肉类动物如鼬类也较多。此外，沙鼠、黄鼠、鼠兔、跳鼠、社鼠、果子狸等也常有出现。鸟类中大中型鸟有黑鹳、白鹳、丹顶鹤、白头鹤、白鹤、灰鹤、白枕鹤、雀鹰、苍鹰、鸢、游隼、红脚隼、燕隼等。我国特有的褐马鸡主要出现在山西、河北的林区中，环颈雉在南北方的落叶阔叶林中较为常见。此外，还有石鸡、鹌鹑、鹧鸪、岩鸽、山斑鸠、火斑鸠、大杜鹃、四声杜鹃、夜鹰、翠鸟、三宝鸟、各类啄木鸟等。落叶阔叶林中的两栖类、爬行类动物也较为丰富，有蜥蜴、金线蛙、泽蛙、中国林蛙、斑腿树蛙、东方铃蟾、中国雨蛙、大鲵、东方蝾螈、乌龟、中华鳖、黄脊游蛇、赤链蛇、各种锦蛇等。

落叶阔叶林是温带和暖温带植被演替的顶极群落，气候适宜时，只要排水良好，植被经过一系列的演替阶段，最终都能形成落叶阔叶林。在没有人为干扰和连续自然灾害的情况下，群落处于稳定状态，但在被重复砍伐或严重破坏时，会演变成灌木林。温带的针叶林或针阔混交林砍伐后会形成各种落叶林，亚热带和热带的常绿阔叶林被破坏后，在进展演替的过程中，也会先形成不稳定的各种落叶阔叶林。人类出现前，落叶阔叶林曾在地球上大量分布，我国的华北平原就曾被落叶阔叶林所覆盖，但目前，由于人类的各种活动，致使大部分落叶阔叶林都被砍伐而改作农田。

常绿阔叶林

常绿阔叶林是亚热带的地带性森林类型，全球常绿阔叶林分布于地球表面热带以北或以南的中纬度地区，在北半球，其分布位置大致在北纬22°~40°。在欧亚大陆，主要分布于中国的长江流域和珠江流域一带，日本及朝鲜半岛的南部。在美洲，主要分布在美国东南部的佛罗里达，墨西哥，以及南美洲的智利、阿根廷、玻利维亚。非洲分布在东南沿海及西岸大西洋中的加那利和马德拉群岛。此外，还有大洋洲澳大利亚大陆东岸的昆士兰、新南威尔士、维多利亚直到塔斯马尼亚，以及新西兰。中国的常绿阔叶林主要分布在北纬23°~34°，且发育最为典型。西至青藏高原，东到东南沿海、台湾岛及所属的沿海诸岛，南到北回归线附近，北至秦岭－淮河一线。南北纬度相差11°~12°，东西跨经度约28°。其主要包括浙江、福建、江西、湖南、贵州等省的全境及江苏、安徽、湖北、重庆、四川等省的大部分，河南、陕西、甘肃等省的南部和云南、广西、广东、台湾等省（自治区）的北部及西藏的东部，共涉及17个省（自治区、直辖市）。

典型的常绿阔叶林分布地区具有明显的亚热带季风气候，东临太平洋，西接印度洋，所以夏季受太平洋东南季风的控制和印

常绿阔叶林

度洋西南季风的影响而炎热多雨。冬季受蒙古高压的控制和西伯利亚寒流的影响，较干燥寒冷，分布区内一年四季气候分明。一年中 ≥10℃ 的积温在 4500℃~7500℃ 之间，无霜期 210~330 天，年平均气温 14℃~22℃，最冷月的平均气温 1℃~12℃，最热月的平均气温 26℃~29℃，极端最低气温在 0℃ 以下，冬季虽有霜、雪，但无严寒。年降水量 1000~1500 毫米，但分配不均匀，主要分布在 4~9 月，占全年雨量的 50% 左右，冬季降水少，但无明显旱季。由于受夏季的海洋季风影响，雨量充沛，且水热同期，十分适合常绿阔叶林的发育。

常绿阔叶林下的土壤在低山、丘陵区林下主要是红壤和黄壤，在中山区为山地黄棕壤或山地棕壤，一般由酸性母质发育而成。形成于亚热带气候条件下，原生植被为亚热带常绿阔叶林的红壤，土壤剖面具有暗或弱腐殖质表层，土壤呈酸性，pH 值 4.5~5.5，林下土壤有机质可达 50~60 克/千克。形成于亚热带湿润气候条件下，原生植被为亚热带常绿阔叶林、热带山地湿性常绿阔叶林的黄壤，热量条件较同纬度地带的红壤略低，雾、露多，湿度大，土壤剖面具有暗或弱腐殖质表层，土壤呈酸性，pH 值 4.5~5.5，通常表土比心土、底土低，林下土壤有机质可达 50~110 克/千克。青藏高原边缘林区常绿阔叶林下发育的土壤为山地黄壤，全剖面呈灰棕－黄棕色，湿度较大，团粒结构明显，土壤呈酸性，pH 值 4.5~5.5，富铝化作用较红壤弱，黄壤的氧化铁以水化氧化铁占优势。在同一纬度带，随着海拔高度增加，土壤呈现垂直分布变化，由气候、土壤和其他环境条件组合形成的森林植被也有规律地分布更替，但其地带性植被仍然为常绿阔叶林。

常绿阔叶林内的树木全年均呈生长状态，夏季更为旺盛。林冠终年呈绿色、暗绿色，林相整齐，树冠浑圆，林冠呈微波状起伏。整个群落的色彩比较一致，只有当上层树种的季节性换叶或开花、结实时，才出现浅绿、褐黄与暗绿相间的外貌。

常绿阔叶林的种类组成相当丰富，呈多树种混生，且常有明显的建群种或共建种。由于地理和历史原因，我国亚热带地区的特有属最多，在全国198个特有属中，亚热带地区就达148个之多，许多属为我国著名的孑遗植物，如银杏、水杉、银杉、鹅掌楸、珙桐、喜树等。常绿的壳斗科植物是这一地区常绿阔叶林的主要植物，其中青冈属、栲属、石栎属常占据群落的上层，但在生境偏湿地区，樟科润楠属、楠木属、樟属的种类明显增多，而生境偏干地区，则以山茶科的木荷属、杨桐属、厚皮香属成为群落上层的共建种。此外，比较常见的还有木兰科的木莲属、含笑属，金缕梅科的马蹄荷属、半枫荷属等。

水 杉

常绿阔叶林常有常绿裸子植物伴生，我国亚热带常绿阔叶林中也常有扁平枝叶的常绿裸子植物伴生，这些针叶树在生态上与常绿阔叶树很相似，具有扁平叶或扁平线形叶，有光泽，大部分针叶的叶片在小枝上呈羽状复叶状排列，且与光线垂直。如杉木属、红豆杉属、白豆杉属、三尖杉属、油杉属、银杉属、铁杉属、黄杉属、罗汉松属、榧树属、扁柏属、福建柏属等，甚至在中亚热带南部才有的阔叶状的裸子植物买麻藤属常绿藤本也有出现。

常绿阔叶林建群种和优势种的叶片以小型叶为主，椭圆形，革质，表面具有光泽，被蜡质，叶面向着太阳光，能反射光线，故又称"照叶林"。在林内最上层的乔木树种,枝端形成的芽常有鳞片包围,以适应寒冷的冬季,而林下的植物,由于气候条件较湿润,所以形成的芽无芽鳞。这些基本成分也是区别于其他森林植物的重要标志。

常绿阔叶林群落结构仅次于热带雨林,可以明显地分出乔木层、灌木层、草本层、地被层。发育良好的乔木层又可分为2~3个亚层。第一亚层高度为16~20米,很少超过30米,树冠多数相连接,多以壳斗科的常绿树种为主,如青冈属、栲属、石栎属等,其次为樟科的润楠属、楠木属、樟属、厚壳桂属等和山茶科的木荷属等。如有第二、第三亚层存在时,则分别比上一亚层低矮,树冠多不连续,高10~15米,以樟科、杜英科等树种为主。灌木层也可分为2~3个亚层,除有乔木层的幼树之外,发育良好的灌木种类,有时也可伸入乔木的第三亚层中,比较常见的灌木为山茶科、樟科、杜鹃花科、乌饭树科的常绿种类,组成较为复杂。草本层以常绿草本植物为主,常见的有蕨类、姜科、莎草科、禾本科等植物,由于草本层较繁茂,因此地被层一般不发达。藤本植物常见的为常绿木质的小型种类,粗大和扁茎的藤本很少见。附生植物多为地衣和苔藓植物,其次为有花植物的兰科、胡椒科及附生蕨类,并有半寄生于枝桠上的桑寄生植物以及一些腐生物寄生于林下树根上的种类,少数树种具有小型板状根、老茎开花(如榕属)、滴水叶尖及叶附生苔藓植物。

常绿阔叶林蕴藏着极为丰富的生物资源。木材中除多种硬木之外,还有红豆杉、银杏、黄杉、杉木、檫木、花榈木、青冈、栲、石栎等良材。林中还有马尾松、毛竹、茶树、油茶、油桐、乌桕、漆树等鞣料资源和柑橘、橙、柿等水果资源。此外,常绿阔叶林中动物资源也十分丰富。珍稀动物较多,有大熊猫、小熊猫、金丝猴、毛冠鹿、梅花鹿南方亚种、云豹、华南虎等。鸟类资源更为丰富,有白鹇、黄腹角雉、环颈雉、红嘴相思鸟、寿带鸟、三宝鸟、白腰文鸟、画眉、竹鸡等。爬行类动物中有蜥蜴、眼镜蛇、眼镜王蛇、金环蛇、银环蛇及平胸龟等。真菌中可供食用的有 30 多种，如银耳、黑木耳、毛木耳、香菇、白斗菇等；药用真菌除银耳、香菇、木耳之外，还有紫芝、灵芝、云芝、红栓菌、黄多孔菌、平缘托柄菌、隐孔菌等。此外，有毒真菌有 20 多种。除银耳、木耳、香菇、灵芝、紫芝早已被引种栽培外，尚有许多真菌有待于开发和利用。

银　杏

　　常绿阔叶林是湿润亚热带气候条件下森林植被向上演替的气候顶极群落，它与整个亚热带植被的演替规律是一致的，包括进展演替和逆行演替。林内群落的生物量比较高，一般情况下，处于相对稳定状态。但在遭到频繁的人为砍伐和自然破坏之后，原来的森林环境条件会迅速发生变化，有逆行演替的危险。此时，如不再受人为干扰，喜光的先锋树种马尾松的种子会很快侵入迹地，随着时间的推移，赤杨叶、枫香、白栎、山槐等喜光的阔叶树和萌发的灌木，以及一些稍耐荫的木荷等常绿树种与马尾松一起形成针阔叶混交林等过渡类型，这些过渡类型会逐步演变，恢复为常绿阔叶林。另一方面为逆行演替，常绿阔叶林被砍伐破坏后，首先成为亚热带灌丛，进一步被破坏时会成为亚热带灌草地。在雨量相对集中的情况下，极易引起水土流失，导致土层瘠薄，形成荒山草地植被，甚至变为光山秃岭，森林植被很难自然恢复，甚至有时连喜光的马尾松也难以生长，造成自然环境不断恶化。

红树林

　　红树林是热带、亚热带河口海湾潮间带的木本植物群落，是热带、亚热带海岸淤泥浅滩上的富有特色的生态系统。以红树林为主的区域中动植物和微生物组成的一个整体，统称为红树林生态系统，它是适应于特殊生态环境并表现出特有的生态习性和结构，兼具陆地生态和海洋生态特性，是最复杂而多样的生态系统之一。红树植物是为数不多的耐受海水盐度的陆生挺水植物之一，热带海区60%～70%的岸线有红树林成片或星散分布。

红树林

红树林在地球上分布的状况，大致上可分为两个分布中心或两个类群，一是分布于亚洲、大洋洲和非洲东部的东方类群，一是分布于美洲、西印度群岛和西非海岸的西方类群。这两个类群在群落外貌和生态关系上大体是类似的，不过东方类群的种类组成丰富，而西方类群的种类则极为贫乏。西方类群所拥有的各个属在东方类群中都可以找到它的不同种类代表，而东方类群所拥有的许多科属在西方类群中却找不到相应的代表。尽管两大类群具有一些相同的科属，但却甚少共同拥有某些种类，唯独太平洋的斐济岛和东加岛（汤加岛）的红树属同时拥有东方类群的红茄苳和西方类群的美洲红树。1997年，全球红树林面积约为1810.77万公顷，其中东南亚国家为751.73万公顷，约占世界红树林面积的41.5%。我国的红树林分布于海南、广东、广西、福建和台湾等省（自治区）。

红树林生长适合的温度条件是：最冷月平均气温高于20℃，且季节温差不超过5℃的热带型温度。红树林分布中心地区海水温度的年平均值为24℃～27℃，气温则在20℃～30℃内。以我国红树林为例，红树林的分布与气候因子的关系极为密切，特别是受温度（包括气温和水温）的影响更大，一般要求气温的年平均气温在21℃～25℃，最冷月平均气温12℃～21℃，极端最低气温0℃～6℃，大致全年无霜期的气温条件，海水表面温度需在21℃～25℃，年降水量1400～2000毫米。

红树林适合生长在细质的冲

积土上。在冲积平原和三角洲地带，土壤（冲积层）由粉粒和黏粒组成，且含有大量的有机质，适合于红树林生长。红树林是一种土壤顶极群落，它的分布局限于咸水的潮汐地区，土壤为典型的海滨盐土，土壤含盐量较高，通常为 0.46% ~ 2.78%，pH 值为 4~8，很少有 pH 值为 3 以下或 pH 值为 8 以上。

红树林的生长环境是滨海盐生沼泽湿地，并因潮汐更迭形成的森林环境，不同于陆地森林生态系统。它们主要分布于隐蔽海岸，这种海岸多因风浪较微弱、水体运动缓慢而多淤泥沉积。因此，它与珊瑚礁一样都是"陆地建造者"，但又和珊瑚礁有所区别，红树林更趋向于亚热带扩展。红树林生长与地质条件也有关系，因为地质条件可能影响滩涂底质。如果河口海岸是花岗岩或玄武岩，其风化产物比较细黏，河口淤泥沉积，就适于红树林生长。如果是砂岩或石灰岩的地层，在河流出口的地方就会形成沙滩，大多数地区就没有红树林生长。

含盐分的水对红树植物生长是十分重要的，红树植物具有耐盐特性，在一定盐度的海水下才能成为优势种。虽然有些种类如桐花树、白骨壤既可以在海水中生长，也可以在淡水中生长，但在海水中生长较好。另一个重要条件是潮汐，没有潮间带的每日有间隔的涨潮退潮的变化，红树植物是生长不好的。长期淹水，红树植物会很快死亡；长期干旱，红树植物将生长不良。

红树植物主要建群种类为红树科的木榄、海莲、红海榄、红树和秋茄等。其次有海桑科的海桑、杯萼海桑，马鞭草科的白骨壤，紫金牛科的桐花树等。其中红树科的红树、木榄、秋茄、角果木等属的植物，常构成混合群落或单优群落。马鞭草科的海榄雌，紫金牛科的桐花树，海桑科的海桑等也是红树林中的优势植

红树的繁茂根系

们不是真红树植物，它们所构成的群落通常为半红树林。红树林的植物可组成八个主要群系，即红树群系、木榄群系、海连系、红海榄群系、角果木群系、秋茄群系、海桑群系和水椰群系。

红树植物多生长于静风和弱潮的溺谷湾、河口湾或潟湖的滨海环境，海水浸渍和含盐的土壤特性直接影响红树植物的生态和生理特性。

红树植物很少有深扎和持久的直根，而是为适应潮间带淤泥、缺氧的环境以及抗风浪，形成各种的根系，常见的有表面根、板状根或支柱根、气生根、呼吸根等。表面根是出露于地表

红海榄

物或构成单优群落。它们都属于真红树植物，因而只分布于典型的红树林生境。半红树植物如棕榈科的水椰，大戟科的海漆，使君子科的榄李、卤蕨科的卤蕨等，它们虽然是红树植物，通常也可构成单优的红树群落，并广布于红树林生境，但它们多处于红树林生态序列的最内缘，并不具有真红树植物所具备的生理生态的专化适应特征，或这些特征极不明显。它

山口红树林

的网状根系，可以相当长时间暴露于大气中以获得充足的氧气，如桐花树、海漆等。支柱根或板状根是由茎基板状根或树干伸出的拱形根系，能增强植株机械支持作用，如秋茄、银叶树等有板状根，红海榄等有支柱根。气生根是从树干或树冠下部分支产生的，常见于红树属和白骨壤属的种类，悬吊于枝下而不抵达地面，因而区别于支柱根。呼吸根是红树植物从根系中分生出向上伸出地表的根系，富有气道，是适应缺氧环境的通气根系，常见有白骨壤的指状呼吸根，木榄的膝状呼吸根，海桑的笋状呼吸根等。

胎生或胎萌是红树植物的另一突出现象，尤其是红树科植物，它们的种子成熟后，不经过休眠期，在还没有离开母树和果实时，就已开始萌发，长出绿色杆状的胚轴，胚轴坠入海水和淤泥中，可在退潮的几小时内发根并固定下来，而不会被海水所冲走。胎生现象是幼苗应对淤泥环境能及时扎根生长以及从胚胎时就逐渐增加细胞盐分浓度的适应。

生活在红树林里的哺乳动物的种类和数量极少，较为广泛分布的是水獭。在南美分布有食蟹浣熊，非洲有白须猴，东南亚有吃树叶的各种猴子，大洋洲有一群群的狐蝠。红树林中占优势的海洋动物是软体动物，还有多毛类、甲壳类动物及一些特殊鱼类等。红树林中还有大量的大型蟹类和虾类生活着，这些动物在软基质上挖掘洞穴，它们包括常见的招潮蟹、相手蟹和大眼蟹等。这些蟹对红树林群落也有贡献，它们的洞穴使氧气可以深入土壤底层，从而改善缺氧状况。还有一类营寄着生活的藤壶，它们重叠附生造成红树林树干、树枝和叶片的呼吸作用和光合作用不良，致使红树植物生长不良和死亡。而抬潮等的造穴活动，改善了土壤的通气条件，有利于红树植物的生长，同时这些动物的排泄物和尸体的腐烂分解，也增强了土壤的肥力，有利于红树林的生长。红树林区也是对虾和鲻类等水产类的育苗场。这些鱼虾在游向大海以前都在这里度过。

此外，红树林区作为滨海盐生湿地，也是鸟类的重要分布区。我国红树林分布区内的鸟类达17目39科201种。其中留鸟和夏候鸟等繁殖鸟类达83种，占总鸟类的41%；旅鸟和冬候鸟达118种，占总鸟类的59%；有国家一级保护鸟类2种，国家二级保护鸟类22种。

红树林具有多方面的保护意义和利用价值，其中最显著的有：①红树林可以抵抗海浪和洪水的冲击，保护海岸。②红树林可以过滤径流和内陆带的有机物和污染物，净化海洋环境。③红树林是海岸潮间带生态系统的主要生产者，为海洋动物提供良好的栖息和觅食环境。④红树林是自然界赋予人类珍贵的种质资源，为科学工作者研究植物耐盐抗性、改良盐碱地方面的良好材料。⑤红树林所构成奇特的热带海滨景观，具有不可替代的旅游价值。因此，红树林的保护、研究和开发利用是人类可持续发展的重要内容之一。

我国的森林分布

目前我国森林总面积约21.83亿亩，森林覆盖率约25%，但仍然低于全球约32%的平均水平，人均森林面积、人均森林蓄积分别只有世界平均水平的约1/4和1/7。

可见，就世界范围而言，我国森林的面积并不大。不过我国的森林群落类型却十分丰富，基本上囊括了世界上所有的森林群落类型。

由于我国从南到北地跨热带、亚热带、暖温带、温带和寒温带五个主要气候带，相应形成了热带季雨林带、亚热带常绿阔叶林带、暖温带落叶阔叶林带、温带针叶阔叶混交林带以及寒温带针叶林带等多种主要的森林地带。同时，由于受复杂的地形地貌的影响，各森林地带内常常可以见到各种不同的森林类型。

针叶林

针叶林是指以针叶树为建群种所组成的各种森林群落的总称，它包括各种针叶纯林、不同针叶树种的混交林以及以针叶树为主的针阔叶混交林。我国从大、小兴安岭到喜马拉雅山，从台湾中央山脉到新疆阿尔泰山，广泛分布着各类针叶林，在我国自然植被和森林资源中起着显著的作用。它们的建群植物主要是古老的松柏类的各科、属和种，首先是松科的冷杉、云杉、松、落叶松、黄杉、铁杉、油杉等，其次是柏科的花柏、圆柏、刺柏、福建柏等；杉科的杉、水松和罗汉松等，大多数属于北温带或亚热带的性质，并多属孑遗植物。我国针叶林植被类型的丰富多彩是举世无双的，其中既有与欧亚大陆以及北美所共有的一些类型，又有许多我国特有的种类。

寒温性针叶林

我国寒温性针叶林与欧亚大陆北部的泰加林带有着密切关系，尤其是分布在我国大兴安岭北部（寒温带）的寒温性针叶林是其向南延伸的部分。在我国温带、暖温带、亚热带和热带地区，寒温性针叶林则分布在高海拔山地，构成垂直分布的山地寒温性针叶林带，分布的海拔高度，由北向南逐渐上升。寒温性针叶林按其生活习性不同，可分为两个植被亚型：

落叶松林。落叶松林是北方和山地寒温带干燥寒冷气候条件下最具有代表性的一种森林植被类型。落叶松是松科植物中比较年轻的一支，它具有冬季落叶和一系列其他生物学特性，对于各种严酷的生境有较强适应能力。落叶松林主要包括的群系如下：兴安落叶松林、西伯利亚落叶松林、长白落叶松林、华北落叶松林、太白红杉林、大果红杉林、红杉林、四川红杉林和西藏落叶松林。

云杉、冷杉林。我国云杉和冷杉林是北温带广泛分布的暗针叶林的一个组成部分，常常在生境潮湿、相对湿度较高的情况下，替代落叶松林。

温性针叶林

温性针叶林是指主要分布于暖温带地区平原、丘陵及低山的针叶林，还包括亚热带和热带中山的针叶林。平原、丘陵针叶林

大兴安岭北部寒温性针叶林

温性针叶林

的建群种要求温和干燥、四季分明、冬季寒冷的气候条件和中性或石灰性的褐色土与棕色森林土的土壤条件，这些特性显然与暖温带针叶林特性不同。另一类亚热带中山针叶林建群种则要求温凉潮湿的气候条件，以及酸性、中性的山地黄棕壤与山地棕色土。根据区系与生态性质的不同，此植被型可分三个群系组：

温性松林。以松属植物组成的松林，是温性针叶林中最主要的一类，分布广泛。比如油松林是温性针叶林中分布最广的植物群落，它的北界为华北山地，内蒙古自治区阴山山脉的大青山、乌拉山以及西部的贺兰山。在赤峰以北的乌丹附近，以前有大片的油松林，而且也出现在大兴安岭南端黄岗峰附近的向阳山坡上，在这些地区以北，则未发现过油松。温性松林包括的群系有：油松林、赤松林、白皮松林、华山松林、高山松林、台湾松林和巴山松林。

侧柏林。以侧柏属植物为建群种的植物群系，在暖温带落叶阔叶林地区分布很广，但组成这一群系组的只有侧柏一个群系，它广泛分布在华北地区的各个地方，在山地、丘陵和平原上都能见到。

柳杉林。柳杉林只有一个群系，即柳杉林群系，主要分布在浙江、福建、江西等省的山区，河南、安徽、江苏、四川及两广等局部地区也有少量的分布。

温性针阔叶混交林

温性针阔叶混交林在我国仅分布在东北和西南。在东北形成以红松为主的针阔叶混交林，为该地区的地带性植被；分布在西南的是以铁杉为主的针阔叶混交林，为山地阔叶林带向山地针叶林带过渡的森林植被。温性针阔叶混交林包括两个群系组：

红松针阔叶混交林。红松是第三纪孑遗物种，在现代其分布区较为局限，主要生长在我国长白山、老爷岭、张广才岭、完达山和小兴安岭的低山和中山地带。所包含的群系有：鱼鳞云杉红松林、蒙古栎红松林、椴树红松林、枫桦红松林、云冷杉红松林等。

长白山红松针阔叶混交林

铁杉针阔叶混交林。铁杉针阔叶混交林是由铁杉与其他针阔叶树种混交组成的森林群落，主要分布在我国西南山地亚高山和中山林区。在云南的中南部和西部，四川的西部以及西藏，东至台湾的中山针阔叶混交林带都有这类森林存在；长江流域以南至南岭间的中山上部、河南、陕西、甘肃等省局部山区也有分布。包括的群系类型有云南铁杉针阔叶混交林和铁杉针阔叶混交林。

暖性针叶林

暖性针叶林主要分布在亚热带低山、丘陵或平地。森林建群种喜温暖湿润的气候条件，分布区年平均温15℃～22℃，积温4500℃～7500℃。此类森林也会向北侵入温带地区的南缘背风山谷及盆地，向南可分布到热带地区地势较高的凉湿山地。暖性针叶林分布区的基本植被类型属常绿阔叶林，但在现存植被中，针叶林面积之大，分布之广，资源之丰富均超过了阔叶林。暖性针叶林按其生活习性的不同，可分为两种植被亚型：一种是暖性落叶针叶林，另一种是暖性常绿针叶林，共包括六个群系组：

暖性水杉林、水松林。暖性落叶针叶林是由冬季落叶的松柏类乔木为主组成的森林群落，主要分布在我国的华中和华南，主要群系类型有：水杉林和水松林。

水松林

暖性松林。组成暖性松林的树种很多，主要有马尾松、云南松、乔松和思茅松等。各个种都有一定的分布范围，在海拔高度上也有一定的界限，分布的规律比较明显，因此常常用作植被区划的高级单位的依据之一。暖性松林的主要群系有：马尾松林、云南松林、细叶云南松林、乔松林、思茅松林等。

油杉林。油杉属于种类稀少，星散分布的树种，目前成片的森林极少，从分布的生境条件看，油杉属植物不但对土壤条件要求不苛刻，而且常与所在地区的马尾松或者云南松混生，可见它的生态适应幅度较广，包括的群系类型有：油杉林、滇油杉林等。

杉木林。杉木林只有一个群系，广泛分布于东部亚热带地区，它和马尾松林、柏木林组成我国东部亚热带的三大常绿针叶林类型，目前大多数是人工林，少量为次生林。

银杉林。银杉林只有一个群系，最初发现于广西龙胜花坪林区，之后在四川金佛山、柏枝山也发现有分布，银杉一般并不形成纯林，而是与其他针叶树构成混交林。

柏木林。此群系组的建群植物为柏木属的各个种，它们适生于钙质土上，耐干旱瘠薄，聚集生种类也多，主要群系有：柏木林、冲天柏林和巨柏疏林。

热性针叶林

热性针叶林是指主要分布在我国热带丘陵平地及低山的针叶林，这种针叶林的地带性植被为热带季雨林和雨林，针叶林面积分布不大，也极少有人工针叶林，成大片森林的只有海南松林，分布于海南岛、雷州半岛、广东南部及广西南部。此类植被亚型只有一个群系组，即热性松林。

阔叶林

相对于针叶林而言，我国阔叶林群落类型更为丰富，分布的范围也更加广泛，可分为以下几种类型。

落叶阔叶林

落叶阔叶林是我国温带地区最主要的森林类型，构成群落的乔木树种多是冬季落叶的喜光阔叶树，同时，林下还分布有很多的灌木和草本等植物。我国温带地区多为季风气候，四季明显，光照充分，降水不足。适应于这些环境特点，多数树种在干旱寒冷的冬季，以休眠芽的形式过冬，叶和花等脱落，待春季转暖，降水增加的时候纷纷展叶，开始旺盛的生长发育过程。组成我国落叶阔叶林的主要树种有：栎属、水青冈属、杨属、桦属、榆属、桤属、朴属和槭属等。很多温带落叶阔叶林分布在我国工农业生产较发达的地区，也是跟人类关系十分密切的森林类型，很多行道树和大江大河的水源涵养林等都是以这种森林类型为主。

　　常绿落叶阔叶混交林

　　常绿落叶阔叶混交林是落叶阔叶林和常绿阔叶林的过渡森林类型，在我国亚热带地区有着广泛的分布。该森林群落内物种丰富，结构复杂，所以优势树种不明显。亚热带地区也有明显的季相变化，主要是在秋、冬季节，气候变干、变冷，相对比较高大并处于林冠上层的落叶树种此时叶片脱落。第二或者第三亚层的常绿树种比较耐寒，有时林分内

的常绿树种的成分增多，树木较高，形成较典型的常绿与落叶树种的混交林。组成常绿落叶阔叶混交林的主要树种有：苦槠、青冈、冬青、石楠等。该森林群落保存有很多珍贵稀有树种，很多是第三纪孑遗物种，被国家列为重点保护对象，如珙桐、连香树、水青树、钟萼木和杜仲等。

珙　桐

　　常绿阔叶林

　　该植被型分布区气候温暖，四季分明，夏季高温潮湿，冬季降水较少，是我国亚热带地区最具代表性的森林类型。林木个体高大，森林外貌四季常绿，林冠整齐一致。壳斗科、樟科、山茶科、木兰科等是这类植被型最基本的组成成分，也是亚热带常绿阔叶林的优势种和特征种。在森林群落组成上，水热条件越好，

树种组成越是以栲属和石栎属为主。在偏湿的生境条件下，樟科中厚壳桂属的种类更为丰富。常绿阔叶林树木叶片多革质、表面有光泽，叶片排列方向垂直于阳光，故有照叶林之称。

硬叶常绿阔叶林

我国硬叶常绿栎林通常是指由壳斗科栎属中高山栎组树种组成的常绿阔叶林，其中绝大多数种类生长于海拔2600~4000米之间，主要分布在川西、滇北以及西藏的东南部。该植被型中的树木叶片很小，常绿、坚硬、多毛，分布区主要在亚热带，夏季高温，植物为适应夏季环境条件常常退化成刺状。我国常绿栎林虽然分布在具有明显夏季雨热同期的大陆型气候特征的地区，其特点却与夏旱冬雨的地中海型气候区的硬叶栎类完全相同。从物种多样性看，我国喜马拉雅硬叶栎林种类远比地中海及加利福尼亚丰富得多，而且都是我国喜马拉雅地区的特有种。喜马拉雅地区高山栎组植物在形态及对干旱生态环境的适应上，与地中海地区冬青栎有很大的相似性。我国学者曾将高山栎类误定为冬青栎，实际上，我国喜马拉雅地区的硬叶栎类除川滇高山栎在阿富汗、印度的库蒙、不丹和缅甸北部也有分布之外，其余种类都是我国喜马拉雅地区的特有种。

我国喜马拉雅地区硬叶常绿阔叶林自上新世中晚期就大量存在。在青藏高原和地中海之间、在欧亚大陆与北美之间曾经发生过植物交流和传播，喜马拉雅地区与地中海地区硬叶栎林的相似性，可能是因为二者在发生和演化上具有相同的祖先而且平行发展导致。喜马拉雅地区的硬叶栎林，可能是古地中海沿岸热带植被在喜马拉雅造山运动时期、青藏高原抬升过程中直接衍生和残遗的类型，有些种是第三纪的残遗植物。但关于二者的发生过程和传播途径，至今仍是一个有待研究的课题，需要在植物学、形态学和分子系统学等各方面的研究下不断补充和完善。

热带季雨林和雨林

热带季雨林和雨林区域的范围为滇南、粤桂沿海、海南岛及南海诸岛、粤闽沿海、台湾及附近岛屿等地区，约占全国总土地面积的3%，是面积比较小的一个森林带。这一森林带分布的地貌复杂多样，以山地、丘陵为主，间有盆地、谷地、台地、平原。西部属云贵高原南沿，地势由北向南倾斜，山地海拔多在1000～1500米，少数在2000米以上。中部多低山丘陵，地势西北高、东南低，少数山峰超过1000米，一般为300～800米。海南岛的中部为山地，向四周依次为丘陵、平原和滨海沙滩。台湾岛有五条北北东——南南西走向的平行山脉，高峰绵亘，海拔多在3000米以上。

本地带为中国纬度最低的地区，属于热带、亚热带季风气候，高温多雨，冬暖、夏长，平原地区年平均气温20℃～26.5℃，极有利于植物生长。但因地势高低不同，山地气温垂直差异较大。在海拔3000米以上的高山，冬季可见皑皑白雪。年降水量一般为1200～2000毫米，台湾山地有相当一部分地区在3000毫米以上。土壤缺盐基物质，呈酸性反应，富铝化作用较强。地带性土壤由南到北主要为砖红壤、赤红壤，其次为红壤、黄壤（包括黄棕壤）、石灰土、磷质石灰土。

本地带的植物种类最为丰富，其中，高等植物就有7000种以上。在高等植物中，其他地带没有的特有种也很多，仅海南岛就有500多种，西双版纳有300多种，更有不少是国家保护的珍贵稀有植物。森林为南亚热带常绿阔叶林、热带季雨林、雨林和赤道热带常绿林。

西双版纳热带雨林

南亚热带季风常绿阔叶林分布在台湾北部、闽、粤、桂沿海山地、丘陵，桂西南喀斯特地区和滇东南。森林植被以壳斗科、樟科、金缕梅科、山茶科为主；还有藤黄科、番荔枝科、桃金娘科、大戟科、桑科、橄榄科、棕榈科、红树科等。次生植被，东部以马尾松为主；西部以云南松、思茅松为主。热带季雨林、雨林主要分布在北回归线以北的海南岛、雷州半岛、台湾岛的中南部和云南的南端。植被组成有很多科属和中南半岛、印度、菲律宾等国相同。

热带季雨林和雨林地带植物种类丰富，组成优势科主要有桑科、桃金娘科、番荔枝科、无患子科、大戟科、棕榈科、梧桐科、豆科、樟科等。热带中山以上山峰、山脊上常出现常绿性矮林、灌丛、苔藓林，以越橘科、杜鹃科、蔷薇科等占优势。西部滇南地势较高，多山原地貌，有众多纵深切割的河谷，植被垂直带各类型交错分布。在南海诸岛，由于土壤基质的制约，主要分布有以麻风桐（白避霜）、草海桐等组成的热带珊瑚岛常绿林。滨海是沙生植物和红树林。在滇南热带林保护区内，森林组成种类具有东南亚和印、缅热带雨林、季雨林特色。低海拔丘陵的雨林和半常绿季雨林的组成，以常绿性的热带科、属为主。其优势种类多为豆科、楝科、无患子科、肉豆蔻科、龙脑香科等。

雨林中多典型的东南亚和印、缅地区热带雨林的种类。如龙脑香科的云南龙脑香、羯布罗香、翅果龙脑香、毛坡垒、望天树、四数木、番龙眼、千果榄仁、麻楝、八宝树等。山地常绿阔叶林，以壳斗科、木兰科、樟科和茶科为主组成，主要树种有印栲、刺栲、红花荷、银叶栲、滇楠等。山地常绿阔叶林各种类型垂直分布较明显，东部海拔1500米以上为亚热带常绿阔叶林，分布面广，保存较好，由于温凉、高湿、静风，林中苔藓植物发达，故称"苔藓林"，主要树种有瓦山栲、多种木莲、润楠等。中部西双版纳海拔1000～

八宝树

1500米山地，则以刺栲、红木荷等为主组成常绿阔叶林，分布面积广，其中勐海地区保存面积最大，森林较完整，乔木次层樟科树种很多。西部海拔1000米以上的常绿阔叶林，以刺栲、印栲、红木荷或长穗栲、樟类组成。

由于气候从东到西逐渐变干，森林植被类型从东到西大致分为三类：东部为半常绿季雨林和湿雨林，以云南龙脑香、毛坡垒、隐翼为标志；中部为西双版纳季雨林和半常绿季雨林，以大药树、龙果、番龙眼、望天树为标志；西部为半常绿季雨林，以高山榕、麻楝为标志。

在海南岛热带雨林保护区，植物种类极为丰富，是中国热带地区的生物基因库，共有维管束植物3500余种，分属于259科、1340属，其中约有83%属泛热带科。中国特有属有10余属，特有种有500多种。在众多的树种中，乔木树种约有900多种，属于商品材树种的有460种，其中特类至三类用材树种有200多种，多为珍贵用材树种。在乔木林中，优势树种不甚明显，但也可以见到青梅或南亚松占优势的单优林分。森林结构复杂，分层不明显。

热带雨林的三大特点：由藤本植物组成的绞杀植物发达；板根普遍明显发育；老茎生花。这三大特点在海南岛热带雨林和滇南热带雨林中均较常见。

海南岛的热带雨林分布在中部山地海拔600～1000米的地段。较完整的雨林中，乔木一般可分三层，树干挺直，分枝高，林相茂密。由于岛内东西部干旱季节长短不同，季雨林又分为常绿季雨林、落叶和半落叶季雨林。森林类型多种多样，原生森林有热带雨林和季雨林，统称为热带雨林。从水

海南岛热带雨林

平分布来看，从海滨到山地依次为：红树林、沙生草地或多刺灌丛、次生稀树草地、热带季雨林、热带雨林、亚热带常绿阔叶林、高山矮林。东部湿润地区以常绿阔叶林为主；西部干旱地区以落叶和半落叶季雨林占优势。

在台湾岛山地，地带性森林植被在中、南部海拔大约2000米以下为热带雨林、季雨林、常绿阔叶林；北部山地的下部属于亚热带季风常绿阔叶林。常绿阔叶林以上，依次为温性针叶林和寒温性针叶林，高山灌丛和高山草甸。常绿阔叶林的主要组成树种有，无柄米槠、青钩栲、厚壳桂、榕树、樟树、大头茶、红木棉等。混生有九芎、重阳木、无患子、台栾树等少数落叶半落叶树种；林内具有一定雨林特征。海拔较高的山地以红桧、台湾扁柏为主。海拔3000米以上，主要是以台湾冷杉为优势的亚高山针叶林区，再向上分布有高山杜鹃灌丛。

蒙新地区

地处我国北部和西北部的蒙新地区，从地理位置来看，自北而南跨越温带、暖温带两个地带。但是，这一广大地区因地处亚洲大陆腹地，年降水量在400毫米以下，除高山的中上部因海拔升高，气温降低，湿度增大，具备了大于等于400毫米的降水条件，有森林分布外，其他地方一般没有天然林分布，而且经过长期的破坏和垦荒，现存的天然植被亦很少见，覆盖率不到1%。

蒙新地区目前连片分布的天然林，大部分在一些中高山地，多为寒温性针叶林。如阿尔泰山、天山、祁连山、贺兰山和阴山的中部或上部，分布有以云杉、冷杉为主的针叶林。另外，在塔里木盆地北部边缘和准噶尔盆地周围绿洲有水源的地方，分布有以胡杨为代表的天然林。

在上述一些天然林区中，值得一提的是天山林区。本林区有森林植物2500余种，植物成分也比较复杂，以北温带和欧亚温带成分占优势，亚洲温带成分占比重很小。

本林区具有多样的植物区系、生态条件和悠久的发育历史，因而形成了复杂的森林类型。其中，最具有特色的森林，是中生的山地森林和草甸，它反映了本区比较温湿的生态环境。典型的植被带谱是：高山荒漠带——山地草原带——山地寒湿性针叶林带——亚高山草甸带——高山草甸带——高山亚冰雪稀疏植被带——高山冰雪带。

在海拔 1500～3000 米的地带上，是由雪岭云杉构成的山地寒湿性针叶林带。天山南坡的森林，呈小块状分布于海拔 2300～3000 米之间的峡谷阴坡或谷底。雪岭云杉在天山林区绝大部分为纯林，仅在阜康——奇台林区的上缘局部地区和哈密林区的下缘，与西伯利亚落叶松构成较稳定的混交林。

雪岭云杉在伊犁山地分布最多，在中山地带构成连片森林，林分生产力也很高，个别林分树高达 60～70 米，胸径 1 米以上。天山东部林区的上部为落叶松纯林，西部为云杉林。在云杉林内最常见的小乔木有天山花椒、崖柳等。在北坡中山火烧迹地上常形成稠密的柳、山杨、桦木次生林。常见下木有黑果枸子、忍冬、蔷薇、天山卫矛、茶藨子等。

雪岭云杉

天山谷地的植物区系成分亦丰富多样。植物组成的地理成分以中生的北温带——欧亚温带成分与中亚西部山地成分占优势。除天山北坡植被中已提到的以外，谷地森林和灌丛中有稠李、欧洲荚蒾、西伯利亚刺柏、覆盆子、新疆忍冬、阿尔泰山楂等。在中亚西部的植物成分中最具有特色的是新疆野苹果、野核桃、樱桃李、小叶白蜡和天山槭等。

第六章　世界著名森林

维也纳森林

维也纳森林是大自然赐给维也纳的一份礼物。它凝聚了人们几个世纪以来的辛勤劳动和严格的保护。这是奥地利的一片保持原始风貌的天然林，主要由混合林和丘陵草地组成，共1250平方千米，一部分伸入奥地利的维也纳市区。维也纳森林旁倚美伦河谷，水清林碧，给这座古城增添了一些妩媚。同时，维也纳森林还对净化空气起着重要作用，拥有"城市的肺"的美誉。

森林里有许多清流小溪、温泉古堡以及中世纪建筑遗址和古老的寺院，但最吸引人的是一些美丽而幽静的小村庄。几个世纪以来，许多音乐家、诗人、画家在此度过漫长的时光，产生不少名扬后世的不朽之作。据说"圆舞曲之王"约翰·施特劳斯就是在这里度过了他的青少年时光。他常在维也纳森林中度夏，森林中百鸟的啼鸣、流泉的呜咽、微风

维也纳森林

的低吟、空气的芬芳、马车的嘚嘚声都激发了他创作的灵感，《维也纳森林的故事》圆舞曲就这样诞生了。

黑森林

黑森林，又称条顿森林，位于德国西南巴登－符腾堡州，南北长160千米，由于森林树木茂密，远看一片黑压压的，因此得名。它是德国中等山脉中最具吸引力的地方，这里到处是参天笔直的杉树，林山总面积约6000平方千米。黑森林是多瑙河与内卡河的发源地。山势陡峭、风景如画的金齐希峡谷将山腰劈为南北两段，北部为砂岩地，森林茂密，地势高峻，气候寒冷。南部地势较低，土壤肥沃，山谷内气候宜人。

金齐希峡谷沿途的深山湖泊、幽谷水坝、原始景观、高架渡桥深深地吸引着人们。以浓重的冷杉树为主的拜尔斯布龙林区占地1.6万公顷，是德国最大的林场。浓密的树林、湿润的空气、一流的疗养设施，使之成为德国最大的疗养中心。

海拔1493米的费尔德贝格峰是黑林山的最高峰。站在高山之上极目远望，绿色的莱茵平原、瑞士西部美景和法国的斯特拉斯堡大教堂尽收眼底。

黑森林根据树林分布稠密程度分为北部黑森林、中部黑森林和南部黑森林三部分。

北部黑森林，从巴登－巴登到弗罗伊登施塔特。北部黑森林最为茂密，分布着大片由松树和杉树构成的原始森林，因为树叶颜色深并且树林分布密，远远望去呈现浓重的墨绿色。森林中还

德国黑森林

有些小湖，比如蒙梅尔湖和威尔德湖。

中部黑森林，从弗罗伊登施塔特到弗赖堡。中部黑森林汇集了德国南部传统风格的木制农舍建筑，特里贝格附近的山间瀑布也位于森林之中。

南部黑森林，从弗赖堡到德国和瑞士的边境。树林不再相连成一大片，山间的草地逐渐增多，树林间的山坡被开辟成草地牧场。

科米原始森林

科米原始森林位于俄罗斯乌拉尔山麓，占地面积约为328万公顷，其中有约65万公顷属于缓冲地带。它是目前欧洲现存面积最大的一片原始森林。森林中自然风光秀美无比，有着完整而平衡的生态系统，许多珍贵稀有的物种都在这里安家落户。林木葱茏、山川秀丽的科米原始森林属于亚寒带森林，东北端植被为苔原植被，即苔藓、地衣和矮灌丛，向南矮树逐渐被茂密的针叶林所替代。1984年，该地区被联合国教科文组织列入"生物圈保护计划"。

科米原始森林的海拔在98~1895米，森林东部与著名的乌拉尔山脉密不可分，高山冰河是这一带的典型地理景观，沿着山麓小丘的石灰岩经分解形成了喀斯特地形。蜿蜒起伏的西部主要是由沼泽、低地、河床以及一些小山组成的。该森林1月份的平均温度为零下17℃，7月份的平均温度在12℃~20.5℃。年平均降水量为525毫米。一年中雪层有7个月厚达100厘米。

科米原始森林是全欧洲唯一生长西伯利亚松树的地方。科米原始森林西部海拔较低的湿地上生长着泥炭藓、越橘和野生的黄莓，岛上则满是柳树欧洲花楸、山梨、虎耳草科黑醋栗和樱桃树。原始森林中，有德国松树、西伯利亚木松和红松等高大乔木。从沼泽地一直延伸到乌拉尔山麓的主要是落叶松森林；山谷中生长着茂密的云杉和冷杉及松树；亚高山带矮树林中的植物主要包括银莲花、芍药属植物和伞形植物。

科米原始森林中既有代表性的欧洲动物又有典型的亚洲动

物，使它成为了一个自然界的大家庭。森林中的哺乳动物有野兔、松鼠、海狸、灰狼、狐狸、褐熊、鼬鼠、水獭、松貂鼠、紫貂、狼獾、陆地大山猫和麋鹿等。麝香鼠是该地区引进的物种。

森林中的鸟类繁多，欧洲雷鸟、黑雷鸟、黑松鸡、淡褐色松鸡、斑乌鸦、黑啄木鸟、三趾啄木鸟、星鸦、白颊鸭、秋沙鸭、水凫和水鸭等鸟类栖息在这里。鱼类共计有16种其中包括大马哈鱼、河鳟和白鱼等。

过去，由于人们很难接近这片原始森林，以至于直到18世纪末人们才开始对这一地区进行了相关研究。1915年，在该地区工作的森林学家首次指出有必要在此建立自然保护区，1928年一个专门委员会对此进行了论证研究。1949年，科米原始森林里建起了第一块试验农场，负责对鹿的人工养殖工作和研究。后来苏联自然科学研究院又陆续在森林中设立了许多长期工作站。科米原始森林中壮观的瀑布群、葱郁的小岛以及奔流不息的河川，迄今为止已吸引了不少游客前去观光旅游。森林里山脉冰河的地理构造，为我们提供了地质演变的范例。

西双版纳原始雨林

西双版纳原始雨林属于国家级自然保护区，位于中国云南西双版纳傣族自治州境内，由勐海、勐养、勐仑、勐腊、尚勇五大片区构成，保护区面积约2425.1平方千米。

西双版纳地处北回归线以南的热带北部边沿，属热带季风气候，终年温暖、阳光充足，湿润多雨，是地球北回归线沙漠带上唯一的一块绿洲，是中国热带雨林生态系统保存最完整、最典型、面积最大的地区，也是当今地球上少有的动植物基因库，被誉为地球的一大自然奇观。

5000多种热带动植物云集在西双版纳20000多平方千米的雨林中。"独木成林"、"花中之王"、"空中花园"、婀娜的孔雀等，都是大自然在西双版纳上精心绘制的美丽画卷，不出国门就可以完全领略热带气息。

区内交错分布着多种类型的森林。森林植物种类繁多，板状根发育显著，木质藤本丰富，老茎生花现象较为突出。区内有8个植被类型，高等植物有5000多种，约占全国高等植物的五分之一。该地区是中国热带植物集中的遗传基因库之一，也是中国热带宝地中的珍宝，植物物种之多实属罕见。如树蕨、鸡毛松、天料木等已有100多万年历史，被称为植物的"活化石"。这里还有一日三变的"变色花"、听音乐而动的"跳舞草"、能使酸味变甜味的"神秘果"。除了作为经济支柱产业的橡胶、茶叶之外，还有中草药植物920多种，新引进国外药用植物20多种，如龙血树、萝芙木等。

在热带雨林中，生活着一个动物的王国，栖息着539种陆栖脊椎动物约占全国陆栖脊椎动物的25%；鸟类429种，占全国鸟类的36%；两栖动物47种，爬行动物68种，占全国两栖爬行动物的20%以上；鱼类100种，分属18科54属，占云南省鱼类总科属的69%，占总属数的40%，占总种数的27%。其中亚洲象、兀鹫、白腹黑啄木鸟、金钱豹、印支虎属世界性保护动物。野象野牛、懒猴、白颊长臂猿、犀鸟等13种，被列为国家一类保护动物，占全国一类保护动物总数的19%；绿孔雀、穿山甲、小熊猫、金猫、菲氏叶猴等15种，被列为国家二类保护动物，占全国二类保护动物总数的30%；小灵猫、灰头鹦鹉、鹰等24种，被列为国家三类保护动物，占全国三类保护动物总数的39%。以一类保护动物犀鸟为例，目前我国仅有5种，仅在云南、广西、西藏有分布，云南仅分布在西双版纳，是鸟类中的珍品。此种鸟雌雄结对，从不分离，如一方不幸遇难，另一方会绝食而亡，殉情而死，有"钟情鸟"之美称。

西双版纳的望天树主要分布在勐腊自然保护区，分布地域狭窄，数量稀少，为国家一类保护植物。望天树是典型的热带树种，对环境要求极为严格。因其种子较大，在自然条件下，有的尚未脱离母体就已萌芽，影响了种子向远处传播，影响了传宗接代，大约2000粒种子才有一株能长成大树。

已开发的望天树景区距勐腊县城约20千米,面积约864.4公顷。望天树高可达六七十米,最高的达80多米,是名副其实的热带雨林"巨人"。当站在"巨人"的脚下,仰望直指蓝天的巨树,你会突然觉得自己变得微小和低矮。看望天树既是望天,又是望树。望天树的特点是树干高大笔直,挺拔参天,有"欲与天公试比高"之势。它的青枝绿叶聚集于树的顶端,形如一把把撑开的绿色巨伞,高出其他林层20米,只见其高高在上,自成林层,遮天盖地,因此人们又把望天树称为"林上林"。

为了保护好景区的望天树及其环境,相关部门在望天树林中,建了一条以高大树木为支柱,由钢索悬吊于35米高、500多米长的悬空吊桥——望天树空中走廊,此为世界第一高、中国第一条完全悬在空中的树冠走廊。走在高高的树林中间,有一种欲上太空探险之感。在空中走廊走一走,逛一逛,呼吸着雨林中的清新空气,一阵阵清香直沁心脾,令人顿感神清气爽。走廊边的树木藤蔓相互缠绕,每一棵树都是一个不简单的生态系统;每看一眼,都是一个全新的画面;每一个镜头,都是这座博大精深的自然博物馆的珍藏品。

西双版纳以山地为主,山地约占总面积的95%,宽谷盆地约占5%。西双版纳热带雨林地处热带北部边缘,横断山脉南端,受印度洋、太平洋季风气候影响,形成具有大陆性气候和海洋性气候兼优的热带雨林。西双版纳热带雨林是一部尚未被人类完全读懂的"天书",是一个丰富多彩的"植物王国""动物王国"。为了保护这片中国唯一的热带雨林,早在1958年就建立了西双版纳自然保护区。该保护区是中国热带森林生态系统保存比较完整生物资源极为丰富、面积最大的热带原始林区。此保护区占西双版纳土地面积的12.68%,森林覆盖率约96%。2000年,我国又批准纳版河自然保护区升格为国家级自然保护区。这是我国第一个按小流域生物圈理念建设的保护区,扩大了热带雨林保护的面积。世界上与西双版纳同纬度带的陆地，基本上被稀树草原和荒漠所占据，形成了"回归沙漠带"，而西双版纳这片绿洲，犹如一颗璀璨的绿宝石，镶嵌在这条"回归沙带"上。

亚马孙热带雨林

亚马孙热带雨林位于南美北部亚马孙河及其支流流域，面积约600万平方千米，约覆盖巴西总面积的40%。它北抵圭亚那高原，西接安第斯山脉，南为巴西中央高原，东临大西洋。

亚马孙热带雨林蕴藏着世界最丰富最多样的生物资源，昆虫、植物、鸟类及其他生物种类多达数百万种，其中许多世界上至今尚无记载。在繁茂的植物中有各类树种，包括香桃木、月桂类、棕榈、金合欢、黄檀木、巴西果及橡胶树。桃花心木与亚马孙雪松可作优质木材。主要野生动物有美洲虎、海牛、貘、红鹿、水豚和许多啮齿动物，亦有多种猴类。

20世纪，巴西迅速增长的人口定居在亚马孙热带雨林的各主要地区。居民伐林取木或开辟牧场及农田，致使雨林急遽减少。20世纪90年代，巴西政府及各国际组织开始致力保护部分雨林免遭人们侵占、开辟和毁坏。

亚马孙热带雨林的生物多样性相当出色，聚集了约250万种昆虫，上万种植物和大约2000种鸟类和哺乳动物，生活着全世界鸟类总数的1/5。有专家估计每平方千米内大约有超过75000种的树木，15万种高等植物，含有约9万吨的植物生物量。

亚马孙热带雨林

镜泊湖地下森林

镜泊湖地下森林又称"火山口原始森林",和镜泊湖区共同列为国家级自然保护区,位于中国黑龙江省境内镜泊湖西北约50千米处,坐落在张广才岭东南坡的深山内,海拔1000米左右。

当游人踏上张广才岭东南坡,沿着山路上行,登上火山顶时,眼前会突然出现一个个硕大的火山口。镜泊湖地下森林是长白山火山喷发时伴随着地震,使地表陷落,形成的奇特罕见的"地下森林",故称火山口原始森林。这些火山口由东北向西南分布,在长约40千米、宽约5千米的狭长地带上,共有十余个。火山口的直径在400~550米之间,深在100~200米之间。其中以3号火山口为最大,直径达550米,深达200米。

地下森林中蕴藏着丰富的生物资源,有红松、落叶松、紫椴、水曲柳、黄菠萝等名贵的林木;有人参、黄芪、三七、五味子等名贵的药用植物;有木耳、榛蘑、蕨菜等山珍。

地下森林也有着丰富的动物资源,既有小型的鸟、蛇、鼠等动物,也有马鹿、野猪、黑熊等大型动物出没,甚至还有国家重点保护动物青羊、东北虎出没,堪称"地下动物园"。

第七章 我国的美木良材

红 松

红松，在东北又称为果松，是我国重要的优良用材树种之一。红松主要分布在我国东北小兴安岭、长白山天然林区，为常绿大乔木，树干通直圆满，一般高40米左右，胸径可达1.5米，树龄达500年以上。根据分析，我国东北地区的红松有2000万

红松

年以上的生长历史，它在我国所有松类树种中一直占首要位置。

我国的红松林，主要是天然林，而人工栽植的红松林只有80多年的历史。中华人民共和国成立以后，辽宁、吉林、黑龙江三省的林区和半山区，营造了大面积的红松林，并积累了一些造林经验，对扩大我国红松林资源有重大意义。红松木材材质软硬适中，纹理通直，色泽美观，不翘不弯，是优良的建筑、造船、航空、造船等用材。从古到今，我国北方地区的重大建筑中，红松木材一直占有很大比重。红松木材在国际上也很受欢迎，被誉为"木材王座"。红松还含有丰富的松脂，可采脂提炼松香、松节油；树皮、种子等都在工业医药方面得到重用。

杉 木

杉木是我国特有的主要用材树种，我国劳动人民栽培杉木已有1000多年的历史。杉木生长快，产量高，材质好，用途广，是我国南方群众最喜爱的树种之一。

杉 木

杉木是常绿大乔木，树高可达30米以上，胸径可达3米，树冠尖塔形，树干端直挺拔。杉木是速生树种，中心产区20年生以上的林分，每年可增高1米，平均胸径可增加1厘米。

杉木在我国分布较广，栽培区域覆盖我国十七个省区。其中，黔东、湘西南、桂北、粤北、赣南、闽北、浙南等地区是杉木的中心产区。我国杉木产量最大，占全国商品木材的1/5～1/4。杉木是我国最普遍的重要商品用材，材质轻韧，强度适中，质量系数高，木材气味芳香，材中含有"杉脑"，能抗虫耐腐。它广泛用于建筑、桥梁、造船、家具等方面。杉木树皮含单宁达10%，可提取栲胶；根、皮、果、叶均可入药。

杉木是长寿树种，几百年、上千年的古杉树并不少见。

樟 树　楠 木

樟树和楠木都是我国的珍贵用材树种，素以材质优良闻名中外。这两种树都是常绿乔木，高可达40～50米，胸径可达2～3米，主要生长在我国亚热带和热带地区。

樟 树

樟、楠自古以来为我国人民所喜爱，我国劳动人民栽培和利用樟、楠有2000多年的历史，但大量栽培始于唐代。现在我国南方各省还保存有不少千年古樟、古楠。

樟、楠二木，材质细腻，纹理美观，清香四溢，耐湿、耐朽、防腐、防虫，为上等建筑和高级家具用材。樟树全身都是宝，用樟树根、茎、枝、叶提炼的樟脑和樟油，是一种特殊工业原料，如制造胶卷、胶片、乒乓球用的"赛璐珞"，都离不开樟脑。樟脑和樟油，在医药、火药、香料、防虫、防腐等方面都有广泛的用途。

水 杉

水杉是落叶大乔木，一般高30～40米，胸径可达2米以上。水杉是个古老稀有的树种，早在中生代上白垩纪即诞生在北极圈的森林里。后来北半球北部冰期降临，水杉类植物遭受冻害而灭绝。20世纪40年代，我国植物学家在湖北利川县深山中发现水杉树种并公诸于世后，震惊世界，人们就把我国的水杉誉为植物"活化石"。

水杉

水杉树干纹理通直，材质轻软，干缩差异小，易加工，油漆及胶粘性能良好，适于建筑、造船、家具等。水杉材管胞长，纤维素含量高，又是良好的造纸用材。中华人民共和国成立以后，水杉开始在国内各地引种，现在北至辽宁、北京，南至两广，东临东海、台湾，西至四川盆地都有栽植。水杉现在在国外引种遍及亚、非、欧、美等50多个国家和地区，生长良好。

银 杏

银杏树，又称白果树，同水杉一样，也是我国现存植物中最古老的孑遗植物之一，被称为"活化石"。银杏为落叶大乔木，高可达40米以上，胸径可达4米以上，树龄可达几千年。银杏在我国有悠久的历史，早在汉末三国时期，江南一带就有栽培。现在我国北至辽南，南至粤北，东至台湾，西至甘肃，20多个省区都有种植。银杏的主产区在江苏、湖北、山东、广东、四川、广西等。

银杏树一身全是宝。银杏果在宋代以后被列为贡品。银杏果富含淀粉、脂肪、蛋白质和维生素，既可食用，又可入药。银杏树材质细致，花纹美观，不易变形，是一种较好的建筑、家具、雕刻用材。银杏树是一种长寿树，上千年的古银杏树，全国各地都有。

珙　桐

珙桐是一种落叶大乔木，它是我国特有的古老珍稀树种之一。世界植物学家也把它叫做植物"活化石"。珙桐树形端正，树干通直，有奇特的花可供观赏。它那茂密的树枝向上斜生，好似一个巨大的鸽笼。每年四五月间开白花，中间由多数雄花和一朵两性花组成的红色球型头状花序，像鸽头，两片初为淡绿色，后呈乳白色的大型苞片生在基部，像伸展着的鸽翅。当山风吹来，"鸽笼"摇荡，"群鸽"在笼里点头扇翅，跃跃欲飞，栩栩如生。

柏　树

柏树是柏科植物的总称。全世界约有150种，我国约有30多种。其中柏木、侧柏、福建柏、圆柏等为我国特有树种。

柏树是常绿大乔木，四季苍翠，枝繁叶茂，树姿优美，材质好，是上好的用材树种，人皆爱之，被誉为"百木之长"。柏树更是有名的长寿树。

柏树在我国分布很广，几乎遍布全国各省区。我国劳动人民栽培柏树历史悠久。柏树材质坚实平滑，纹理美观，含有树脂，有香味，有很强的耐腐性，是建筑、桥梁、家具、造船、雕刻等的上等用材。

我国的柏树，自古以来被人们用作绿化树种，在宫殿、庙宇、公园之地广为种植，为这些胜地大增光辉。

泡 桐

泡桐虽不是一种珍贵用材树种，但泡桐材也算得上优良材。泡桐是落叶大乔木，树干通直、树冠宽阔、树花美观，它是我国特产的速生优质用材树种之一。泡桐在我国分布很广，安徽、河南、山东、河北、山西、陕西等为中心产区。全国泡桐有七个主要树种：兰考泡桐、楸叶泡桐、毛泡桐、白花泡桐和四川泡桐、南方泡桐、台湾泡桐。

泡 桐

泡桐有许多独特的优良性能。木材纹理直，结构均匀，不翘不裂，易加工。木材变形小，气干容重轻，隔潮性能好，对保护物非常有利，耐腐性强，是良好的家具用材。音质好，共振性强，又是良好的乐器用材。泡桐木材用途很广，用以制作家具、乐器、建筑、工艺品等方面。泡桐材是我国出口商品材之一，在国际市场上享有很高的声誉。

檀 香

檀香树又名旃檀、白檀，属檀香科常绿大乔木，台湾、西藏、云南、海南等都有分布。檀香树生长高大，北京雍和宫万福阁的大佛，从头到脚高18米，地下还埋有8米，共26米，直径3米，就是用独棵白檀雕刻而成，成为举世无双的文物珍品。

檀香木虽然高大无比，但它却是一种"半寄生植物"。它幼时因自身叶片进行光合作用制造的养分满足不了需要，便从根系上长出一个个珠子样的圆形吸盘，吸取比它矮小得多的常春花、长叶紫珠、南洋楹等植物根上的营养来养活自己。

檀香木用途广，既可做高级家具、器具，又可作为中外闻名的特种工艺品檀香扇骨和雕刻等用材。刨成片可入药作芳香剂、健胃剂；树干和根，经蒸馏还可

檀 香

得"白檀油",含有 90% 的檀香醇,是一种十分名贵的天然香料。

我国有紫檀和降香黄檀等。

紫檀又称青龙木、紫旃木、赤檀,也是一种常绿珍贵乔木,原产于亚洲热带地区,我国南方有栽培。木材为棕红色,坚硬,纹密,通称红木,是高级家具和高级雕刻用材。湖南岳阳市岳阳楼上有块举世瞩目的《岳阳楼记》雕屏,就是用 12 块紫檀木雕刻而成。

降香黄檀是我国海南岛的特有树种,又称花梨木、海南檀。它材质坚韧,结构细密,色泽红润,花纹美丽,香气持久;耐腐、抗湿,干后不变形,不开裂,是制造名贵家具、乐器和雕刻、镶嵌、美工装饰等的上等用材。降香黄檀被列为海南特种商品用材之首。其心材称降香木,可代檀香。木材经过蒸馏所得降香油,可作香料工业的定香剂。

桉　树

桉树是世界著名的速生树种,常绿大乔木,一般树高 35 米左右,胸径 1 米左右。中国昆明引进的蓝桉,已高达 50 多米。

桉树原产澳大利亚,中国引种已有 130 多年的历史。至 2025 年,中国引进的桉树品种在百种以上,主要有窿缘桉、柠檬桉、蓝桉、大叶桉、葡萄桉、赤尾桉、直干桉、多枝桉等,多种植在福建、广东、广西、海南、云南、四川、江西、湖南等省区。广东雷州半岛营造桉树林已超 120 万亩,使千年荒岛变成绿洲。

柠檬桉引进我国已有 70 多年的历史,它是桉树大家族中的佼佼者。它那高大通直如柱，因年年脱皮而呈灰蓝、灰白色的树干，刚劲挺拔，直指云天；那柔软轻盈的树冠，似杨柳轻飔；每当百花盛开之时，那玲珑的坛、壶形果实像熟透了的葡萄挂满树梢，煞是好看。特别是那沁人心脾的柠檬香气，清香四溢，更令人陶醉。故人们把它叫做"林中仙女"。

柠檬桉

柠檬桉一般10～15年即可长成栋梁之材。福建龙海市林下林场18年生的柠檬桉单株材积达2.5立方米。这种桉树遗传性能稳定，不易变种，多代培育仍能表现出速生、高大、干直、枝权少等优良特性。出材率高达75%以上，非一般阔叶树种所能比。材质硬重强韧，耐磨抗腐，广泛应用于工矿、建筑、交通、造纸等方面，尤以造船为最优。闽东南沿海渔船常用柠檬桉材作龙骨、船舷等关键部位用材。入海不受牡蛎寄生侵蚀，甚耐海水浸泡，不翘不腐，经久耐用。

柠檬桉叶含油率为1.5%，可提炼香料和珍贵医药用原料。在医药方面，具有消炎解毒，祛风活血的功效；对肺炎球菌、伤寒杆菌、绿脓杆菌有明显抑制作用；对顽疥、癣疾、烫伤等有特殊疗效。柠檬桉边材富含淀粉，其木材、枝桠均可培养白木耳（银耳），100斤湿木材可培养干白木耳约1斤。柠檬桉一年两次开花，花期甚长，又是重要的蜜源树种。

柚　木　轻　木

柚木是世界上最珍贵的用材树种之一。材质呈黄褐色或暗褐色，木质细密，硬度大，纹理美观。在日晒雨淋、干湿变化较大的情况下，不翘不裂；耐水、耐火性强，能抗白蚁和不同海域的海虫蛀食，极耐腐，列于世界船舰用材的首位，是军需航海的重要用材。同时也是营建海港、桥梁及其他建筑、车厢、家具、雕刻、贴面板、装饰板等优良用材。

轻木是世界上木质最轻的树种之一，中国云南即有生长。木材经干燥后，1立方米木材仅8.1~10.8千克。轻木突出特点是轻，浮力大，从前，人们多用来作木筏。它还有隔热、隔音的特点，是制造飞机、轮船和高级体育器械的特殊材料。它生长很快，种植后每年胸径可生长5~13厘米。

轻 木

楸 梓

楸与梓是落叶大乔木，高可达30多米，胸径可达1米以上，是两种受人喜爱的优良用材树种，分布于长江和黄河流域，以江苏、河南、山东、陕西中部和南部为最普遍。

梓

楸与梓是两种形态极为相似的树。古时常楸、梓不分，有时称楸为梓，有时说梓也兼指楸。明代医学家李时珍以木材颜色来区分楸、梓，说："'楸即梓之赤者也''木理白者为梓'。"《陆玑诗疏》一书中则以是否结实来区分楸、梓，认为"楸之疏理白色，而生子者为梓"。

中国栽种楸、梓的历史悠久，早在两三千年以前人们已在庭院、村旁、宅旁广为栽植。楸、梓是上好的木材，有"木莫良于梓"之誉。古时印刷刻板，多使用梓、楸木，故把书籍出版叫做付梓。

楸、梓木材，纹理通直，花纹美观，材性好，不裂不翘，耐腐朽和水湿，不易虫蛀，软硬适中，易加工，切面光滑，钉着力好，油漆及胶粘力强，最宜作为建筑、家具、车辆、船舶及室内装饰用材。做箱、匣、衣柜、书橱等，隔潮不遭虫蛀。木材质地细致，可做细木雕刻。传音和共振性能好，亦宜做乐器。

楸树高大，干直圆满，叶浓花美。楸树抗二氧化硫和氯气性能好，在南京地区二氧化硫污染严重的工厂，杨树、枫杨都不能生活，而楸树生长良好，其抗毒性与臭椿相近。枝叶又能吸滞灰尘、粉尘，每平方米叶片可滞尘2克多，是城乡工厂区绿化的良好树种。楸树皮入药，可治痈肿，排浓拔毒，利尿。

椰子树

椰子树是多年生的常绿乔木，在我国海南省称它为"摇钱树"，外国有的地方称它为"宝树""生命之树"。椰子树在中国栽培已有两千多年的历史。

椰子树终年都可能开花结果，盛果期为20年左右，陆续成熟，以6～8月最多。一株成年椰子树一年可结果50～100个，品种好的，可结更多，外有粗皮，皮下有硬壳，壳内有浆，俗称椰汁，味甜而清凉，炎热暑天，饮用椰汁可解暑清肺，益气生津，故被人称为"树上汽水"。

椰子树

椰子全身无废物，椰油富有营养，在人体内消化吸收率可达98%，是热带地区的主要植物食用油。椰果肉含脂肪33%左右，蛋白质4%左右，可生食。椰子被制成椰蓉、椰奶后，可配制椰子糖、椰子饼、椰子酱罐头。椰衣纤维弹性和韧性较强，防腐性良好，可制绳索、扫把、刷子和地毯等。椰子果壳能雕制各种工艺品或作乐器，也可提炼优质活性炭。

龙　眼

龙眼也是热带果树，原产于中国，已有两千多年栽培历史。由于它在百果中久享盛名，所以在历史上曾作为皇家的贡品。

古代传说，有一年轻樵夫，一日在山中发现一种味道很美的果子，带回让其双目失明的老母品尝，其母食后，双目复明。后人遂将此果取名为"龙眼"果。

龙眼树龄较长，据记录，世界上最长寿的龙眼树已有400多年历史，龙眼果实的生长期一般为100天左右，树冠繁茂，终年

龙　眼

碧绿，尤其在盛夏8月龙眼成熟时，碧叶之中挂着一穗穗沉甸甸的淡黄果实，实为好看。

龙眼也叫桂圆，有几百个品种。根据其颗粒大小，可分为三元、四元、五元、中元四种。

龙眼肉果鲜嫩，润泽晶莹，汁多味甜，清香可口，营养丰富；含有多种维生素及葡萄糖、蛋白质、脂肪等成分；有健脾益神、养血补心的功效。它在药用上可用于治疗贫血、胃痛、崩漏等症。龙眼树的根、叶、花、果均可入药；根、干还可提取栲胶；果实含淀粉，可酿酒，也可磨粉做家禽饲料。它的花多且花期长，是极好的蜜源树种。龙眼蜜，是蜜中珍品。

龙眼在我国以两广、海南及福建分布较多。

漆　树

漆树是中国重要的特用经济树种，既是天然涂料树和油料树，也是一种用材树。它是高大落叶乔木，一般高20米，胸径80厘米，经济寿命在70年以上。中国劳动人民栽培漆

树和利用漆料历史悠久，2021年，考古人员对浙江余姚井头山遗址出土的两件木器的鉴定结果，将中国乃至世界的用漆历史提早到了8300年前；4000年前的夏商周时期用生漆涂饰食具、祭器；到西周时期用生漆涂饰车辆，并设置了征收漆林税的漆园吏。

中国的漆树分布较广，以河南、陕西、四川、湖北、贵州等省为多。中国的生漆产量居世界第一位，是传统的出口商品，为国家创造大量外汇。在国际市场上，中国漆声誉很高。

漆树主要产品为生漆、漆蜡和木材。生漆刚割出时为乳白色或灰黄色，与空气接触后变为棕红色或黑色。在空气中容易干燥，结成黑色光亮坚硬的漆膜。它具有优异的防潮、防腐、绝

漆 树

缘、耐高温、耐火、耐水浸等特性，被誉为"涂料之王"。用生漆涂饰的家具、木器及各种工艺品，光亮美观，经久耐用。长沙马王堆汉墓中出土的漆器，在地下埋藏了两千多年，仍完好如新，可见生漆之奇特功能。北京故宫中陈设的各种贵重家具、器皿等，多是用生漆涂饰的。

漆树果实中含有丰富的漆蜡，俗称漆油或漆仁油。漆蜡是制造肥皂和甘油的重要原料。漆蜡是熔点较低、碘价高、不饱和程度较高的液体不干性油，可用作油漆工业的原料；经处理后也可食用。

干漆和漆树的叶、花、果实均可入药，有止咳嗽、消瘀血、通经、杀虫之效，还可治腹胀、心腹疼痛、风寒湿痹、筋骨屈伸不利等病。漆根和叶可作农药。

漆树的木材可作建筑、家具、细木工制品和室内装饰等用材。据古书记载，古人还用漆木制琴、造弓。

银 杉

银杉是我国特有的世界珍稀

树种，被人们誉为植物界的"大熊猫"。银杉属于松科，是一种常绿乔木。它的主干高耸挺直，枝条平展，整个树冠成宝塔形，四季常青。银杉的叶片很像杉树之叶，但四散排列，很有特色。每片细长叶子的背面，都有两条银白色的气孔带，每当微风轻拂，叶片闪出熠熠银光，十分美丽诱人，银杉的美称也由此而来。远在地质时期的新生代第三纪时，银杉曾广泛分布在北半球的欧亚大陆。在法国、波兰、俄罗斯和苏联都曾发现了银杉的化石。在距今 200 万～300 万年前，地球发生了冰川运动，几乎席卷整个欧洲和北美。由于我国有着独特的地理环境，群山高耸，地形复杂，使得银杉等珍稀植物幸免于难，保存至今，成为历史的见证者。银杉是古老的孑遗植物，目前世界上银杉属的植物仅此一种，而且为我国特有，其珍贵价值可想而知。中国的科学家们经过不懈的努力，终于使银杉在中国科学院北京植物园安家落户，使中外的游览者们大饱眼福。

白皮松

白皮松是我国特产的一种松树。它一般有 20 多米高，体形典雅而奇特。我们常见的松树的树皮都是灰褐色的，而白皮松与众不同，它的树皮经历几次变色和脱皮后，最后呈粉白色内皮，并出现褐白相间的斑鳞状薄块，它们一片一片地粘在树干上，既像虎皮，又像蛇皮，所以人们也叫它为虎皮松或蛇皮松。这些树皮极易脱落，露出淡白色的树干，所以还有人称其为白骨松。白皮松的针叫也很特别，其他松树的叶子是 2 根或 5 根长在一起，而它却是 3 根叶子长在一起，这在东亚的松树中是极少见的。很久以前，只有中国才有白皮松，18 世纪中叶被英国人引种到伦敦。因为它身穿白色"外衣"，树姿典雅而奇特，所以人们都很喜欢它，常把它栽种在古寺、公园、庙宇里，作为天然的一景。白皮松除了可以观赏外，其木材质地坚硬，是制作家具的好材料。它的种子可以食用，味美甘香，还可以榨油呢。

华山松

华山松又名胡芦松、五须松、果松等,是松科中的著名常绿乔木品种之一。它原产于中国,因集中产于我国的华山而得名。

华山松自古有名。华山松的美丽姿态让它历来都是诗人、画家歌咏和描绘的对象。自古以来,人们就把松与竹、梅并列,赞誉为"岁寒三友"。华山松正是以它那傲然屹立的姿态、奋发向上的精神,被人类视为松内楷模。同时它那傲霜斗雪、挺拔直立的品格,自古以来,就为人们所传颂。

华山松一般高达35米,胸径1米;树冠呈圆锥形;枝小平滑无毛,冬芽小,圆柱形,栗褐色。幼树树皮为灰绿色,老则裂成方形厚块片固定地附着于树上;叶呈5针一束,长8~15厘米,质柔软,边有细锯齿,树脂道多为3,中生或背面2个边生,腹面1个中生,叶鞘早落。球果呈圆锥状长卵形,长10~20厘米,柄长2~5厘米,成熟时种鳞张开,种子脱落。种鳞与苞鳞完全分离,种鳞和苞鳞在幼时可区分开来,鳞在成熟过程中退化,最后所见到的为种鳞。种子无翅或近无翅,花期4~5月,球果次年9~10月成熟。

华山松主产于我国中部和西南部高山上,主要分布地区有宁夏、山西、陕西河南、甘肃等省区以及四川西部、湖北西部和西南部、贵州中部和西北部、云南北部和中部、西藏雅鲁藏布江下游,垂直分布在中条山海拔1200~1800米,太行山、伏牛山海拔1200米以上,青海垂直分布海拔为3000米。

华山松高大挺拔,冠形优美,姿态奇特,为良好的绿化风景树。它也一直被视为点缀庭院、公园、校园的珍品。若将其植于假山旁、流水边会更富有诗情画意。华山松不仅是风景名树及薪炭林,还能涵养水源、保持水土、防止风沙。华山松材质轻软,纹理细致,易于加工,而且耐水、耐腐,有"水浸千年松"的美誉。它也是名副其实的栋梁之材,可做家具、雕刻、胶合板、枕木、电杆、车船和桥梁用材。

华山松的花粉，在医学上叫"松黄"，浸酒温服，有医治创伤出血、头昏脑涨的功效，还可作预防汗疹的爽身粉。人们用快刀切开松树干的皮层，就流出松脂。松脂经分馏分离出挥发性的松节油后，就剩下坚硬透明呈琥珀色的松香。松节油医药上的功能是生肌止痛、燥湿杀虫。松香、松节油在工业上也是重要原料。华山松的树皮含单宁12%～23%，可提炼栲胶。沉积的天然松渣，还可提炼柴油、凡士林等。其种子粒大，长1～15厘米，含油量42.8%（出油率22.24%），松仁内还含蛋白质17.83%，常作干果炒食，味美清香。松子榨油，属干性油，是工业上制皂、硬化油、调制漆和润滑油的重要原料。

白桦树

白桦是我国北方常见的一种落叶乔木。它亭亭玉立，通体洁白光滑，在微风吹拂下，轻摆枝叶，仿佛一位秀丽、可爱的白衣少女在翩翩起舞，白桦的个头很高，通常有20多米。其树皮呈白垩色，分为许许多多的片层，每一片层都像纸一般的薄，当地人常把它剥下来当纸用。白桦的叶子呈三角状卵形，叶柄很细。它在春天开花，花序为柱状，在秋天结果，果实上长有两个"小翅膀"，可以随风飘到很远的地方安家。白桦的树干富含甜甜的树汁，可以提取并浓缩成甘甜味美的糖汁。此外，它的树干纹理致密，坚硬又有弹性，是建筑上的好材料。它的树皮可以提取香精，还可以入药，治疗多种疾病。白桦还在许多公园中安了家，给人们提供了游玩、摄影的好场景，如果你有机会到森林中去探险，它可是你最容易发现的树木，因为在绿色的海洋中，只有它穿着白色的"外套"，格外的醒目。

胡 杨

胡杨是很古老的一种杨树。距今大约几千万年前，胡杨曾广布在地中海、中东以及我国西北的广大地区，后来渐渐减少。目前，只在我国新疆塔克拉玛干大沙漠边缘还保留着一片世界上罕见的天然胡杨林。这是新疆有名的三大自然林区之一。这片胡杨林是我国沙漠地区的宝贵财富。

胡杨在干旱的沙漠中顽强地生长，自有它一套特殊的本领。首先，它的根很长，尤其侧根密织如网，可以延伸到20米远的地方吸取水分。其次它的叶子近似三角形，上面渐渐革质化，可以有效地控制水分蒸发。胡杨的身体也仿佛大沙漠中的骆驼一样，可以贮存很多水分，如果把胡杨的树枝折断，就会发现有滴滴水珠溢出。这样，在极端干旱的环境条件下，它也可以在一段时间内维持自己的生命。

胡杨有许多用处。它的木材比较轻软，纹理虽然不直却很美丽，而且耐腐蚀，不怕虫蛀，也耐水浸。制作的家具美观大方。还是电杆、桥梁建筑、造纸的好材料。胡杨的枝叶中含有丰富的胡杨碱，可用于食品制作和工业原料。

青　檀

宣纸是我国传统书画用纸。这种纸细致绵韧、吸水力强，已经有1000余年的生产历史。由于它独特的质地，在20世纪初的巴拿马万国博览会上荣获过金质奖章。

宣纸的原料是什么呢？它是由一种叫做青檀的树皮制成的。制造宣纸可不是一件简单的事，总共有18道工序，100多道操作过程，大约需要300天时间。最初的时候，宣纸产在安徽泾县，那是1500多年前的事情。在唐代，泾县是属于宣州府的，所以名叫宣纸。

青檀树是一种落叶乔木，外形有些像榆树。但它长到一定年龄的时候，树皮就会自然裂开，成薄长片状脱落。青檀是我国特有的珍贵树种，北起辽宁，南达广东，东起江苏，西至甘肃，几乎都有它的踪迹，但以宣城宁国、泾县一带生长最多。

青檀寿命较长，在北京、河北、山东、湖北可以见到几百年乃至上千年的"寿星佬"。在湖北东部的黄梅县，有一座风光秀丽的东山，山中有著名的五祖寺。这里有六株古稀青檀，其中最大的一株，胸径超过2米，高达28米，覆盖面积近1亩。在它的主干上树纹隆起，峥嵘突起，显得古雅苍劲。五祖寺是唐咸亨三年（672年）建成的。相传在此之前已经有了这棵青檀古树，距今，估计已经有1700多岁高龄。在北京昌平区的龙凤山脚下的南口镇檀峪村西北口山谷有一株超过3000年的古青檀。据碑文记载，它是北京最粗大、最古老的青檀古树。

望天树

1975年，我国科学家在云南西双版纳热带雨林中发现了一种擎天巨树。它的树干高大雄奇、气宇轩昂，雄冠于群树之上，甚至让人无法看到它树冠的顶部。因而，人们称它作望天树。又因为树形如伞，当地傣族人习惯称它为"伞树"。

望天树不仅高大，而且很粗壮，一般胸径在1.3米左右。

望天树是世界上最高大的阔叶乔木之一。树干的下部生长着几条奇特的大板根。圆锥状的花序里排列着黄色的花朵，美丽而芳香。望天树生长比较迅速，木材呈灰色或红褐色，纹理美观，

材质坚硬、耐腐性强，是优良的建筑和工业用材。由于它只生长在西双版纳动腊县的沟谷雨林，范围非常狭窄，数量又不多，所以被列为国家一级保护植物，受到严格保护。

砚 木

我国南北各地的淡水中生活着一种叫作蚬的贝壳类动物。它的贝壳很像两个等边的三角形，大约长三四厘米。在我国广西则生长着一种树木，由于它的根中心不正，偏向一边，形成一边宽一边窄的年轮，好似蚬壳外面的纹理，因此，人们称它木。蚬木的材质非常坚韧，而且细致，既耐磨，又耐腐，是我国最珍贵的硬木植物之一，也是世界十大珍贵硬木之一。它的木材犹如钢铁，刀砍不入，钉子钉不进，放入水里，立即下沉，就是木屑也如砂子一般，入水即沉。因此是制造舰船和建筑上的特殊用材。蚬木菜板，经久耐用，名誉海内外，是广西龙州县的特产。

蚬木生长在广西热带的岩溶地区，那里有一个国家级的弄岗

自然保护区。保护区里有许多参天的蚬木，其中有一株生长在大新县硕龙村，高48.5米，围径9.39米，铁骨嶙峋，巍巍参天，为我国蚬木中的冠军，人称"蚬木王"。

木　棉

在我国南方，生长着一种大树，名叫木棉。它的树干笔直、挺拔、粗壮，可以长到20～30米高。春季，木棉先开花，后长叶，花朵都长在枝头，为红色或橙红色，有碗口大小，非常美丽动人。由于不见叶子，远远望去满树花红如火，它便被广东人誉为"英雄树"，并被推为广州市市花。

木棉结的果实很大，呈白色长椭圆形，成熟之后会自动爆裂，里面的黑色种子便随棉絮飞散。因为木棉树身高大，如果不在果实开裂前攀上树枝采摘，棉絮就会随果实的爆裂而散失，所以云南人称它为"攀枝花"。

木棉分布在我国云南、贵州、广西、广东、福建、台湾、四川等地。木棉容易栽种，生长迅速。由于它树干高大，花大而艳丽，所以为著名的观赏树种。木棉的经济价值也较高，它的棉花纤维柔软纤细，弹性好，不怕压，适宜做坐垫和枕芯。毛绒也很轻，不容易吸湿，因此浮力较大，据试验，每千克木棉可在水中浮起15千克重的人体，因此可以用来做救生圈、救生衣的填充物。另外，木棉的木质轻软，可以做包装箱板、火柴梗、独木舟。木棉花还可以泡茶饮用，制药还可以治疗肠炎和痢疾。

香　榧

香榧是一种常绿乔木，属于红豆杉科。它长得很像杉树，姿态美丽。香榧树的小枝条长得很有趣，有的一对一对长在粗枝两侧，有的几个一圈围在粗枝上。枝条上的叶呈螺旋状生长，又尖又硬，叶的下面有一条狭长气孔带。香榧树分为雄树和雌树，雄树只管开花，不结子，雌花既开花又结子。种子呈椭圆形，假种皮为淡紫红色。香榧的种子要历经三年才能成熟，因此，棵树上结着三种不同大小的种子，第一年的种子有米粒大小,第二年的种子有黄豆大小,第三年的种子有橄榄大小,真可谓三代同堂,难怪有人称它为"三代果"。

香榧原产于中国浙江,且主要产于浙江地区,在安徽、福建、江苏、贵州、湖南和江西等地也有栽培。它的种子炒熟可食,香脆可口,还能驱逐肠道寄生虫;叶和假种皮可提炼香油,可做化工原料;树干材质优良,是造船修桥的好材料。

柽柳

柽柳又叫西河柳或三春柳,是一种落叶小乔木。柽柳虽称柳,但和柳树不是一家。柳树属于杨柳科,而柽柳自成一个柽柳科。由于它枝条柔细、下垂,有些像柳,所以有此名称。柽柳的枝条呈红褐色,密生于纤细的小枝上。每年夏季,枝条顶端会抽出10~14厘米长的圆锥花序,花小,呈红色。离远望去,柽柳披红挂绿,煞是好看。柽柳原产于中国,分布很广,就连西北沙漠地区以及东北、华南等地的盐碱地带,也有它的踪迹。柽柳的根系很长,分布在土壤的深层,这是它能生活在干旱荒漠中的主要原因。此外,柽柳具有极高的泌盐本领,所以它能生活在含盐量极高的重盐碱地上。因此,柽柳是改造盐碱地的优良树种,也是一种良好的固沙植物,难怪人们称其为抗碱防沙的"急先锋"。柽柳还可以入药,有解热、利尿透疹的功效。它的枝条可以编制篮筐,树干还可以作为日常使用的木材。总之,柽柳是一种价值颇高的经济树木。